● 高等院校生命科学野外实习指导系列 ●

Illustrated Handbook for Botanical Field Practice

图说植物学野外实习指导

廖文波　凡　强　周仁超
刘蔚秋　石祥刚　张寿洲　等◎编著
刘　莹　李春妹　叶华谷

中山大學出版社
SUN YAT-SEN UNIVERSITY PRESS
· 广州 ·

版权所有　翻印必究

图书在版编目（CIP）数据

图说植物学野外实习指导/廖文波，凡强，周仁超，刘蔚秋，石祥刚，张寿洲，刘莹，李春妹，叶华谷，等，编著．—广州：中山大学出版社，2017.3
ISBN 978 - 7 - 306 - 05968 - 0

Ⅰ．①图⋯　Ⅱ．①廖⋯　②凡⋯　③周⋯　④刘⋯　⑤石⋯　⑥张⋯　⑦刘⋯　⑧李⋯　⑨叶⋯　Ⅲ．①植物学—实习—高等学校—教材　Ⅳ．①Q94 - 45

中国版本图书馆 CIP 数据核字（2017）第 009333 号

出 版 人：	徐　劲
策划编辑：	周建华　曹丽云
责任编辑：	曹丽云
封面设计：	曾　斌
责任校对：	李　文
责任技编：	何雅涛
出版发行：	中山大学出版社
电　　话：	编辑部 020 - 84111996，84113349，84111997，84110779
	发行部 020 - 84111998，84111981，84111160
地　　址：	广州市新港西路 135 号
邮　　编：	510275　　　　传　真：020 - 84036565
网　　址：	http://www.zsup.com.cn　E-mail：zdcbs@ mail.sysu.edu.cn
印 刷 者：	广州家联印刷有限公司
规　　格：	787mm×1092mm　1/16　10 印张　300 千字
版次印次：	2017 年 3 月第 1 版　2017 年 3 月第 1 次印刷
定　　价：	45.00 元

如发现本书因印装质量影响阅读，请与出版社发行部联系调换

本书编委会

编写人员：廖文波　凡　强　周仁超　刘蔚秋　石祥刚　张寿洲　刘　莹　李春妹
　　　　　叶华谷　辛国荣　赵万义　冯慧喆　关开朗　许可旺　王　蕾　李　薇
　　　　　刘　宇　赖燕玲　孙延军　潘云云　王晓明　黄翠莹　丁巧玲　王晓阳
　　　　　刘忠成　张记军　谭维政　阴倩怡
策　划：张　雁　陆勇军　项　辉　廖文波
审　校：叶华谷　张寿洲

内 容 摘 要

　　百闻不如一见。本书总结了中山大学多年来开展"植物学野外实习"、"生物学野外实习"的教学实践经验，系统地介绍了关于植物学实习的教学目标、内容和方法。野外实习是一个由感性认识到理性认识的过程，本书试图通过选定的代表植物，逐次展示和理解植物界各大类群及其特征。在学习方法上，本书从植物体的四大宏观本质属性——系统学、地理学、生态学、资源学的角度出发，予以编排，循序渐进，依次展开，期待同学们能够触类旁通，举一反三。本书最后一章简要地介绍了中山大学深圳大亚湾实习基地、中山大学深圳仙湖植物园生态学与生物学实习基地，以及邻近实习点的自然地理、植被与植物多样性的基本情况。

　　本书适合于华南高校在沿海山地开展植物学教学实习时使用，也可作为国内高校、中学开展野外生物学、生态学实习或素质教育培训参考书，亦可供林业、环保、绿化、自然保护部门的管理者以及相关业余爱好者参考。

前　　言

植物学实习是一门有趣的课程。从课堂走到野外，能体验自然界无穷的魅力。植物的生长是有规律的，受到生理生态习性的制约，从海岸带，到海岸山地，到山顶，再到内陆，从低海拔至高海拔，各种生态因子如海拔、植被环境、土壤环境、温度、湿度、水体、盐度等的变化，均对植物的生长和分布产生着决定性的影响。当然，古地质环境、古气候和古地理变迁影响着植物分布的格局，整体上生物种的形成，是长期的历史演变和生物演化的结果。

深圳大亚湾是一个理想的实习基地。七娘山是国家地质公园，地质环境多样，生长着相应的地貌生态型的植物。靠北边的盐灶村，生长着数十种海岸带红树林植物，包括具有胎生现象的真红树，如木榄、秋茄，有既能生长于海水中也能良好地生长于陆地的半红树，如银叶树、海杧果、黄槿等，还有海岸沙滩地的伴生种，如白花鱼藤、阔苞菊、厚藤、单叶蔓荆等。再往西北面的马峦山，自然环境良好，保存着各类南亚热带典型的植被类型，包括：南亚热带针叶林——马尾松林，这在南方沿岸山地已是难得一见；南亚热带沟谷季风常绿阔叶林——水翁+鸭脚木群落，有耐水性强的水翁，有老茎上开花的水东哥，有热带地区常见而亚热带地区难得一见的嗜热植物——露兜树；南亚热带山地常绿阔叶林——薄叶青冈+罗浮栲-漆树群落，以中亚热带地区的地带性树种——栲类占优势；南亚热带灌丛——以南亚热带野生小果"桃金娘群落"占优；南亚热带红树林——以胎生果似"茄子"的秋茄群落占优；南亚热带草地——以五节芒-类芦群落占优（两种100年前南方乡下盖茅草房常用的优选种）。往西是仙湖植物园，那里堪称"植物学的宝库"，有侏罗纪的"活化石"——桫椤、银杏，有植物界的"大熊猫"——银杉、金花茶，有第四纪冰期子遗种——穗花杉，有"香港"命名地来源的著名香料植物——土沉香，共1 997株，被形象化地种植在一片中国版地图上，象征着香港顺利回归祖国，令人倍感欣慰。兰花谷生长着数百种兰花，根据其地生、附生、腐生的特性，分别被安置在适当的位置上。仙湖植物园的苏铁园、木兰园更是物种的宝库，分别收集了世界各地苏铁类植物250多种，木兰类植物200多种。仙湖的系统园被设计成"裸子植物山"，除园区种植着数十种裸子植物外，在山顶平台还呈半环形地布置着数十位著名的中国近代植物分类学家的雕像，如"活化石"水杉的命名人胡先骕先生，他也是中国第一个植物园——庐山植物园的创始人；又如具有现代意义的中国第一部地方植物志《海南植物志》的主编陈焕镛教授，他也是中山大学农林植物研究所、华南植物研究所、广西植物研究所的创始人；等等。如果在仙湖考察时，有机会走进后山——梧桐山，进入沟谷，你会冷不丁地发现，一种体轴呈二叉分枝状，无叶而仅有拟叶的小型陆生植物松叶蕨，生长在河谷平台的石缝中，那可是源自3亿多年前的古老子遗植物。在马峦山新开的公路旁，两侧灌丛中，往往生长着一种藤状、具阔叶网脉的裸子植物，那是买麻藤——既是南亚热带常绿阔叶林退化的表征，也是常绿阔叶林重建的先锋种，很特别。

丰富多彩的植物界，为我们提供了一个宽广的天地。百闻不如一见。野外实习是一个实现短期目标的良好计划。然而，面对纷繁复杂的植物界，如何入门并不是一件容易的事情。本实习指导试图由浅入深，由简单到复杂，由个别到归纳，希望能够从普通植物种的现状分布，认知植物界的奇妙之处。具体而言，从宏观的认识角度看，植物界有四个基本属性：一是系统学，基于植物体组成的物质基础，构建了植物界的阶元系统，是植物界系统发育的根本属性；二是生态学，是植物体生长发育的动态过程，与周围环境发生着紧密的联系，也是植物体的本质属性；三是地理学，是植物体在个体发育和系统发育过程中形成的空间格局，是植物界迁移、演化、隔离、分化和基因交流的结果，是历史烙印，也是植物界的本质属性；四是经济价值，这是人类以本身实际需求赋予植物体的属性。人类认识自然，是为了利用和改造自然，并为人类自身的利益服务。

然而，向大自然索取并非我们的终极目标。人类要做到认识自然，首先得研究自然，了解自然，顺应自然，然后是道法自然。现阶段，维护生态平衡和生态可持续发展，是我们能够做的、必须做的。

生物学课程包括植物学和动物学等，是一门来源于实践的学科，是人类在长期的生存斗争和生产斗争中归纳总结形成的。中山大学生命科学学院非常重视"生物学野外实习"课程，参加人数自2000年开始每年都有240～300人，规模较大。考虑到住宿、交通、学习条件，主要前往广东省内的珠海、封开黑石顶、深圳大亚湾等三处实习基地。中山大学前往深圳大亚湾开展实习是自2012年开始的，当时中山大学实施新的学科路线图，生命科学相关专业自珠海转回广州，而实习去向有了更多的选择空间。目前看来，大亚湾基地是一个不错的、合适的基地，植物多样性元素、动物多样性元素均非常丰富，海岸涂滩尤其良好。本书的策划由中山大学生命科学学院主持教学工作的前任和现任副院长陆勇军、张雁提出，包括植物卷、动物卷等分册，组织实施由实习负责人项辉、廖文波、黄建荣、凡强等落实。植物卷的编写，一是充分总结了植物学课程组多年来开展野外植物学实习的经验；二是充分考虑了大亚湾地区的植物、植被、生态环境资源的特点；三是在编写上力求简明、实用。全书架构由廖文波设计，第一章由刘蔚秋、周仁超、廖文波编写；第二章的2.1、2.2节由廖文波、凡强、石祥刚、刘莹编写，2.3、2.4节由廖文波、刘蔚秋、周仁超、李春妹编写，2.5节由周仁超、凡强、张寿洲、廖文波编写；第三章由刘蔚秋、周仁超、廖文波编写；第四章由凡强、石祥刚、张寿洲、廖文波编写；第五章由凡强、刘蔚秋、廖文波编写。全书由叶华谷、张寿洲审定。本书的出版得到了中山大学生物学、生态学一级学科建设项目，教育部校外实践教育基地建设项目（2013—2015），广东省教育厅本科教学改革项目（2014—2016）的资助。

在此，特别感谢中国水产科学院南海水产研究所给予的大力支持，感谢校友林黑着所长的大力支持。几年来，在实习期间，深圳仙湖植物园的李楠、张力、张寿洲、王晓明、陈涛等诸位博士给予了大力支持；广东省内伶仃福田国家级自然保护区的王勇军研究员、昝启杰博士、陈里娥高工，深圳大鹏半岛市级自然保护区的刘海军博士、孙红斌博士、赵晴女士，深圳马峦山郊野公园的廖国新、徐晓晖高工、侯志铁队长，以及深圳市城管局、林业局、七娘山地质公园、田头山市级自然保护区的诸位领导、技术人员和管护人员也给予了大力支持。恕不能一一列举，在此一并表示衷心的感谢。

编著者

2016年3月20日

目 录

第 1 章　植物学实习的目的、要求和学习方法 / 1
　1.1　植物学实习的目的、要求 / 1
　1.2　植物学野外实习的具体考核目标 / 2
　1.3　基础植物学部分——形态 - 地理学方法 / 2
　1.4　基础生态学部分——植被与植物群落调查方法 / 4

第 2 章　植物学野外实习示范和实践 / 5
　2.1　系统学辨识 / 5
　　2.1.1　石松类及蕨类植物 / 5
　　　●松叶蕨亚门 Psilophytina / 5　●石松亚门 Lycophytina / 6　●水韭亚门 Isoëphytina / 6
　　　●楔叶蕨亚门 Sphenophytina / 7　●真蕨亚门 Filicophytina / 7
　　2.1.2　裸子植物 / 11
　　　●苏铁纲 Cycadopsida / 12　●银杏纲 Ginkgopsida / 12　●松柏纲 Coniferae / 12
　　　●紫杉纲（红豆杉纲）Taxopsida / 14　●买麻藤纲 Gnetopsida / 15
　　2.1.3　被子植物 / 16
　　　●有卷须 / 16　●具乳汁 / 20　●具特殊果实 / 24　●具特殊香气 / 27　●有刺 / 30
　　　●复叶类型 / 33　●基出弧形脉 / 35　●具特殊叶脉，或密脉序，或网脉清晰 / 37
　2.2　地理学辨识 / 38
　　　T1. 世界分布 / 39　T2. 泛热带分布 / 40　T3. 热带亚洲和热带美洲间断分布 / 44
　　　T4. 旧世界热带分布 / 45　T5. 热带亚洲至热带大洋洲分布 / 48　T6. 热带亚洲至
　　　热带非洲间断分布 / 49　T7. 热带亚洲（印度、马来西亚）分布 / 51　T8. 北温带
　　　分布 / 55　T9. 东亚和北美洲间断分布 / 57　T10. 旧世界温带分布 / 59　T11. 温
　　　带亚洲分布 / 60　T12. 地中海区、西亚至中亚分布 / 60　T13. 中亚分布 / 60
　　　T14. 东亚（东喜马拉雅—日本）分布 / 61　T15. 中国特有分布 / 63
　2.3　生态学辨识 / 63
　　2.3.1　红树林及海岸植物 / 64
　　　●真红树 / 64　●半红树 / 65　●海滩红树植物 / 66
　　2.3.2　沟谷热性成分 / 67
　　　●热性乔、灌木 / 67　●热性蕨类植物 / 68　●热性林下植物 / 69　●常绿阔叶
　　　林 / 70
　　2.3.3　寄生植物 / 70
　　2.3.4　山顶矮灌丛及旱生植物 / 71
　　2.3.5　逸生种、归化种、入侵种、栽培种 / 72
　　　●逸生种 / 72　●归化种 / 72　●入侵种 / 72　●栽培种 / 73
　2.4　资源学辨识 / 73
　　　●药用植物 / 74　●观赏植物 / 74　●有毒植物 / 75　●油脂植物 / 76　●野菜
　　　类植物 / 76　●园林绿化与背景林营造植物 / 77

  2.5 国家珍稀濒危重点保护野生植物 / 77

第3章 深圳大亚湾地区植物群落观察 / 83
  3.1 大鹏半岛红树林群落 / 83
    3.1.1 坝光古银叶树群落 / 83
    3.1.2 东涌红树林群落 / 84
    3.1.3 人工栽培的红树林群落 / 84
  3.2 大鹏半岛海岸山地常绿林 / 84
    3.2.1 南亚热带针、阔叶混交林 / 85
    3.2.2 南亚热带沟谷常绿阔叶林 / 85
    3.2.3 南亚热带低地常绿阔叶林 / 85
    3.2.4 南亚热带低山常绿阔叶林 / 86
    3.2.5 南亚热带山地常绿阔叶林 / 86
    3.2.6 南亚热带次生常绿灌木林 / 87

第4章 深圳大亚湾地区常见植物分科图谱 / 88
  4.1 蕨类植物 / 88
  4.2 种子植物 / 90

第5章 深圳大亚湾地区自然地理环境 / 130
  5.1 中国水产科学研究院南海水产研究所深圳试验基地 / 130
  5.2 深圳大鹏半岛市级自然保护区 / 131
    5.2.1 地质地貌 / 131
    5.2.2 土壤 / 131
    5.2.3 气候 / 131
    5.2.4 水文 / 131
    5.2.5 植被概况 / 132
  5.3 深圳七娘山国家地质公园 / 132
  5.4 深圳田头山市级自然保护区 / 133
  5.5 深圳马峦山郊野公园 / 133
  5.6 中科院深圳仙湖植物园 / 134
  5.7 深圳大亚湾大辣甲岛 / 134
  5.8 广东省内伶仃福田国家级自然保护区 / 134
    5.8.1 福田红树林保护站 / 134
    5.8.2 内伶仃岛猕猴自然保护站 / 135

附录1 中文科名索引 / 136
附录2 拉丁文科名索引 / 138
附录3 中文学名索引 / 140
附录4 拉丁文学名索引 / 143

第 1 章　植物学实习的目的、要求和学习方法

1.1　植物学实习的目的、要求

首先，植物学是一门实验性的学科，一门来源于人类的生存需要和生产实践的学科。早在远古时代，人类的刀耕火种产生了农业。农业的形成，又促进了人类对各种作物、果树及其他栽培植物的认识，从而产生了最初的关于乔、灌、草的描述，形成了最初的植物学萌芽。随着原始社会的解体，农业、畜牧业的分工和发展，文字的形成和改革，人们在与自然的融合中，在生活实践和生产活动中，不断地接触、观察各种各样的植物，逐渐认识了其形态、构造、习性及其生活史等，积累了大量的知识，植物学知识水平得以不断提高。

此后，人们又对各种植物加以比较、区别，指出其异同，为了便于交流，又加以分门别类、排列顺序，形成了分类系统，并利用各种实验技术或手段进行观察，将丰富的野外感性认识理论化，从而形成了最初的也是近代的"分类学"和"系统学"。从最初植物学的形成，到现在一个完整的分类系统的形成，又经历了很长的时间，凝聚了很多植物学者不懈的努力。传统植物学包括形态解剖、系统分类两部分，后者又包括孢子植物、种子植物两部分。

"生物学野外实习"是生命科学各专业的基础课程，是动物学、植物学、生态学等课程的延伸和拓展。一方面，它将课堂上的理论知识与野外实践相结合，从而达到验证书本知识和巩固理论知识的目的；另一方面，通过发挥学生学习的主动性，强调整个实习过程的参与和学习，更加重视培养学生运用理论知识解决问题的能力。该课程采用多种教学手段，培养学生的创新意识，强化学生热爱科学、热爱生命、保护环境的态度与观念，提高学生的科学素养和综合素质。"生物学野外实习"是培养学生自律守纪、自主学习、独立思考、勇于钻研、团结协作的创新精神和团队意识的重要途径。具体要求如下：

1）验证和巩固理论知识。植物学是一门研究植物形态解剖、生长发育、生理生态、系统进化、分类以及与生物和环境的关系的综合性学科，是生物学的分支学科，是一门实践性、实验性较强的学科。因此，生物学各专业的学生必须立足自然，研究自然，顺应自然，通过开展"生物学野外实习"，从而验证、巩固和质疑课堂的理论知识，并补充和获取新的科学知识。

2）学习植物识别方法，认识常见植物。通过植物学野外实习，学会识别植物的方法，掌握植物界各大类群以及种子植物的常见科、属的主要特点，认识一定数量的常见植物，扩大和丰富植物分类学的知识，充分理解和掌握生物多样性保护的价值和意义，认识药用植物、珍稀濒危植物保护的价值和意义。

3）学习植物标本采集、制作及鉴定方法。要求学生学会采集、压制和制作植物标本的基本技术和方法；学会应用工具书和检索表鉴定植物，培养学生的动手能力和观察能力。

4）认识和了解各类生态系统、生境类型。要求学生了解实习地区地形、地貌、土壤、气候、主要生境类型特点，如陆地森林生态系统，海滨湿地生态系统、海岸海滩、库区生态系统等，进一步理解植物的地理分布、数量、生活习性、功能与环境的统一。

5）学习基础生态学调查方法。要求学生了解植被和植物群落调查的基本方法，实际学习或开展植物样方、巢式样方、分种产量样方和记名样方（频度样方）调查等。

6）学习并熟悉野外照相技术。植物学实习的过程中，需要严格控制野外采集的方式和数量，不滥采，同时应记录植物所处环境要素，因此要求学生在实习期间学习和掌握野外照相的基本方法和技术。

7）认识人类与自然环境的和谐共处。随着人类社会的发展，人类所赖以生存的自然环境也

在发生着变化。通过野外综合实习，学生走进自然，深入社会，了解人类如何适应、利用自然资源，思考自然保护与社区经济发展之间的矛盾与对策，从而增强热爱大自然，保护生物资源，保护生物多样性的意识，提高环境理论修养，加深对自然资源可持续利用的认识。

8）提高学生的综合素质。野外实习及其相应的食宿条件比较艰苦。通过野外实习，锻炼和提高学生吃苦耐劳的能力、适应能力及团队精神，认识人类与自然和谐共处的理念，提高个人能力和综合素质等。

1.2　植物学野外实习的具体考核目标

深圳大亚湾地理位置特殊，周围有大鹏半岛自然保护区、田头山自然保护区、七娘山国家地质公园、马峦山郊野公园，加之靠近海岸带，又有仙湖植物园，因此就开展生物学实习而言，是一个非常理想的场所。一是具有丰富的植物资源；二是具有各类森林植被类型，以及各类陆地或湿地生态系统；三是大亚湾基地具备良好的室内实验室，如配备适当显微镜、解剖镜亦可进行海洋藻类或淡水藻类实习。因此，整体看大亚湾植物学野外实习的主要目标可归纳为：

- 学习、掌握野外采集、识别常见植物类群的基本方法；
- 学习、认识植物各类群的分布、生境、生态习性等；
- 认识实习地主要森林植被类型、各类陆地生态系统、海岸带红树林生态系统类型；
- 认识高等植物100～120科，200～250种，其中包括海岸带红树林植物8～12种；
- 采集、制作带花或果的植物标本，每组30～40份；
- 完成个人实习报告，按小组完成PPT小结。

根据各年度的具体情况，教师将安排适当的专题研究性实习，以完成一定的小专题研究为目标（或以小组为单位）。

相应地，如果动物学部分在一起实习，则目标大致相似，也需要认识各类动物60～100种，昆虫8～10个目，制作标本30～40份。

1.3　基础植物学部分——形态-地理学方法

植物学实习的基本方法包括观察、解剖、描述、比较、鉴定、记录以及绘制简图。观察时先形态特征，后内部结构解剖特征，先根、茎、叶营养器官，后花序、花、果实、种子等生殖器官。观察、描述、绘图、鉴定等应按照"标准"的植物形态学、解剖学、分类学概念或术语的要求进行。在利用检索表进行植物鉴定时，可根据检索目标边观察边检索。

在观察植物的形态特征、生殖器官特征的同时，注意植物的生长环境，注意植物的花期、果期。还要根据教师的叙述，了解植物的产地、分布、用途以及生态成分、地理成分等。学习方法无外乎两个方面，一是理论基础，二是实践基础。

植物学是研究植物的形态、结构、生长、发育、繁殖、遗传、变异、衰老、死亡以及系统演化的学科，而从野外辨识的角度看，"形态学与系统学、地理分布、生态习性、资源价值"是植物体的基本属性，也是人们辨识植物体、植物物种的基础，在此基础上进一步拓展关于植物生长、发育、繁殖、遗传、变异、演化等方面的研究。

1. 形态、系统学辨识

植物体的形态、结构及其生理、生化特征是分类学的物质基础，是植物种构成的本质属性。植物体的根、茎、叶、花、果实、种子，特别是花、果特征，茎、叶特征，是人们辨识植物种的基础，其构成了植物体各演化阶段，在系统学上构成了"界门纲目科属种"阶元。

"物种"，简称种，是生物分类的基本单位，是具有一定的相似的形态结构、生理生化特征，一定独立分布区的个体的总和。具有相同本质属性、相似特征的不同种系构成"属"。具有相同本质属性、相似特征以及相同区域演化特征的不同属又构成了"科"。从时间轴看，科是植物界演化的合适尺度和等级，能展现植物界的迁移和演化的脉络。

物种辨识和分类鉴定是实习的主要目标之一。理论课堂、实验课程所学习的内容，就是分类学的基础；另一方面，通过实习使得理论知识、课堂知识得到强化。

在进行花结构描述时，内文采用了花程式的简写方式，即：⚥为两性花，♀♂为单性花、雌雄同株，♀/♂为雌雄异株，∗为花辐射对称，↑为两侧对称，B为苞片，b为小苞片，P为花被片，K为花萼片，C为花冠裂片，A为雄蕊，G为心皮或雌蕊数目，$\overline{G}$为子房下位，$\overline{\underline{G}}$为子房周位，$\underline{G}$为子房上位；$P_{(3)}$、$K_{(3)}$、$C_{(3)}$、$A_{(3)}$、$G_{(3)}$分别表示花基数3枚合生，G_3表示离生，余类推；∞表示花相应的组成部分P、K、C、A为多数；Ad为退化雄蕊。

2. 地理学辨识

地理分布是物种的本质属性之一。植物的科、属、种，均有一定的独立分布区。物种分布区的形成是历史长期演化、迁移与地质变迁协同作用的结果。物种的地理分布与生态习性密切相关，但并不是严格一致的。地理分布是一种历史烙印，一种持续分化形成的格局，是千百年来演化的结果。地理分布与植物的形态学、系统学特征并不直接相关，地理学辨识的获得，往往是归纳的结果，从物种的本身看，地理分布在大部分情况下并不能推知。因为，有些物种往往从热带分布至温带，或从低海拔分布至中海拔，甚至高海拔，在形态上、功能上形成相应的适应性特征。

3. 生态学辨识

生态习性也是物种的本质属性之一，体现了物种生长的生态环境。物种的生态习性往往是特定的，例如热带、亚热带、温带、高山、沙漠、盐碱地、海岸带、沙砾地、湿地、荒漠、盐湖，等等。泛境分布的物种也是有的，但是真正广布的种是很少的，全球50万种植物中不过50多种而已。生态习性与地理分布有关联性，但显然也不是严格一致，可以在采集物种时直接辨知。当然，生态习性充分地反映在植物的形态结构、功能上。与地理分布不同，生态习性往往是近、现代的，相对而言是短时期的。

在一种情况下，地理分布与生态习性会取得暂时的一致，那就是物种的地理成分与生态成分有关联性。地理成分是指物种或分类群等级的现状地理分布，其所形成的地理分布区（形状）与生态习性或称生态成分是紧密相关的，因为物种的地理分布往往是由于适应特定的生态环境而形成的，例如上段提到的各类生境。

有一类特殊的物种即外来种，或称为外来入侵种，它们并不是历史时期自然迁移、演化的结果，而是与人类活动，与人类对自然生态环境的干扰密切相关的。生态入侵的原因和类型是多种多样的，依据其对生境的破坏程度、性质、严重性而划分为不同的等级。如薇甘菊、马缨丹、假臭草、喜旱莲子草、互花米草、紫茎泽兰、水浮莲等均是世界性的恶性杂草。

4. 资源学辨识

资源学价值是人类赋予物种的延伸属性。物种能否为人类广泛利用，虽然与物种的物质属性、地理属性、生态属性密切相关，但并不是物种适应自然界的必然。从物种的资源学属性看，常包括药用植物、香料植物、有毒植物、食用植物、淀粉植物、纤维植物、花卉植物、鞣质植物、饲料植物等。人类在长期的自然活动、生产斗争、科学实践中不断地发现和积累了关于植物资源及其开发利用的知识。

生物学实习是从课堂到实践的过程。如何辨识自然界的花花草草、树木、森林以及生态系统，如何将课堂知识应用于实践，如何让学生从多角度理解和应用课堂的理论知识，是生物学实习需要解决的问题。从实践的角度看，实习有许多实用的教学方法。每个学校、每位教师各有独特的方法从不同的角度引导学生学习，完成既定的教学目标。从实习内容看，包括野外采集、物种辨识、生态观察、生物学讲座等，有条件的还包括开展小组专题研究，或在植物园、生物制药公司、园林园艺公司参观考察等。教师通过示范讲解、专题推演、给学生布置作业、参考文献查询、演绎等方式逐次展开。

1.4 基础生态学部分——植被与植物群落调查方法

　　植被、植物群落、森林生态系统观察也是植物学实习的常规内容之一。通常采用样地法进行调查、观察和分析。参考王伯荪等（1986）、方精云等（2009）的群落学方法，将样地划分为若干个 10 m×10 m 或 5 m×5 m 的样格，每个样格内再设一个 2 m×2 m 小样方；采用每木记账法，调查样格内的乔、灌木，记录种名、胸围（胸径）、高度、冠幅、株数，2 m×2 m 小样方记录乔、灌木的幼苗及草本植物的种名、高度、株数、覆盖度。在此基础上研究群落的外貌、组成、结构和演替，包括优势种群的重要值、物种多样性指数、均匀度指数，以及种群的年龄结构和垂直结构等群落生态学特征。

　　样地的设置和调查规模以能确切地反映群落的基本特征为妥，一般以满足地带性植物群落调查的最小面积为依据。如海南岛热带沟谷雨林最小面积一般为 4 000～5 000 m^2；热带山地雨林应不小于 2 500 m^2；南亚热带常绿阔叶林为 1 600～2 400 m^2；中亚热带常绿阔叶林为 1 200～1 600 m^2；灌木林 400～600 m^2；灌草丛 5 m×5 m，草丛 2 m×2 m 或 1 m×1 m 等；人工乔木林根据需要可设为 600～1 000 m^2。

第 2 章　植物学野外实习示范和实践

植物学野外实习和实践总的基本原则是：认识和理解，看图说话，举一反三。

2.1　系统学辨识

植物界在漫长的历史演化进程中，经历了多个演化阶段，其形态学、系统学特征发生了根本性的蜕变。根据生物界的二界系统，植物界包括现存的七大类群，即藻类、菌物、地衣、苔藓植物、蕨类植物、裸子植物、被子植物。针对深圳大亚湾地区的自然地理环境，实习内容重点考虑三方面，即维管植物识别，森林植被观察，海岸红树林生态系统观察等。

2.1.1　石松类及蕨类植物

石松类（Lycophytes）及蕨类植物（Ferns）在二叠纪至三叠纪时期曾极为繁盛。现存的可分为5个亚门，包括石松类（松叶蕨亚门、石松亚门、水韭亚门）及蕨类（楔叶蕨亚门、真蕨亚门）。

●松叶蕨亚门 Psilophytina

亦称拟蕨类。仅存2属，中国1属，即松叶蕨属。松叶蕨是最古老的陆生维管植物。具二叉分枝的体轴，叶仅具拟叶；孢子囊群由3个孢子囊组成聚囊。大概出现于距今3亿年前的泥盆纪。深圳有1种，即松叶蕨。

(1) 松叶蕨 *Psilotum nudum* (L.) Beauv.

根状茎具假根，为原生中柱，外始式木质部，具螺纹或梯纹管胞。孢子叶二深裂，绿色、无脉，为拟叶（小型叶）；孢子囊厚囊性发育，2～3个聚生枝顶或孢子叶叶腋内。配子体圆柱状，较发达。

●石松亚门 Lycophytina

拟蕨类。茎多为二叉分枝,具原生中柱,外始式木质部,梯纹管胞为主,稀孔纹管胞。小型叶,具一中肋。孢子囊厚囊性发育;孢子叶通常集生于分枝的顶端,形成孢子叶球(穗)。

(2) **垂穗石松** *Palhinhaea cernua* (L.) Vasc. et Franco

(3) **深绿卷柏** *Selaginella doederleinii* Hieron.

提问:石松科与卷柏科有何区别?

石松科:

卷柏科:

提问:何谓根托(rhizophore)?有何意义?

●水韭亚门 Isoëphytina

拟蕨类。茎顶螺旋状排列着莲座状叶丛,小型叶,基部稍呈匙状,上部刺状,柔软;有孢子叶和营养叶的分化。叶基部具叶舌。孢子囊和孢子异型。

(4) **中华水韭** *Isoëtes sinensis* Palm.

多年生草本,茎粗短块状,具原生中柱,具形成层,有螺纹及网纹管胞;茎上长有须状丛生的不定根。雄配子体仅具1个营养细胞、4个壁细胞和1个精原细胞;精原细胞形成4个精细胞,再发育成4个游动精子。水生,或沼泽生。植株似韭菜。

● 楔叶蕨亚门 Sphenophytina

拟蕨类，又称木贼植物（horseworts）。仅木贼科（Equisetaceae），2 属，问荆属（*Equisetum*）和木贼属（*Hippochaete*）。

（5）节节草 *Equisetum ramosissimum* Desf.

茎二叉分枝或常为单轴分枝，具明显的节与节间，节间中空，由下向上管状中柱转化为具节中柱，具中央空腔和原生木质部空腔，内始式木质部，具梯纹、孔纹管胞，间或有导管。叶小，轮生成鞘状，为小型叶。孢子囊生于多少呈盾状的特称为孢囊柄（sporangiophore）的孢子叶上，孢囊柄在枝顶聚集成孢子叶球。孢子同型或异型，周壁具弹丝。喜生于亚热带、温带阴湿地区，可作为水源的指示植物。

● 真蕨亚门 Filicophytina

共 3 个目。孢子体发达，有根、茎、叶分化。除树蕨类外，茎均为根状茎，二叉分枝至单轴分枝，具各式中柱、各式管胞，个别具导管。除原生中柱外，均具叶隙。大型叶，顶枝起源，常分化为叶片和叶柄，叶片具叶轴并常分裂。配子体形小，绿色，常为背腹性心形叶状体。精子器和颈卵器均生于腹面。

瓶尔小草属 *Ophioglossum*：

（6）瓶尔小草 *Ophioglossum vulgatum* L.

厚囊蕨类 Eusporangiopsida，瓶尔小草目，该目仅此 1 属。根状茎短而直立，基部为原生中柱，向上逐渐过渡为管状中柱和网状中柱，内始式木质部，具梯纹或网纹管胞。营养叶单一或 2～3 叶，全缘，叶脉网状。在叶柄的腹面生出 1 个孢子囊穗，囊穗上生 2 行孢子囊，孢子囊大，具厚壁。配子体上散生多数配子囊。精子器和颈卵器除颈部均埋在配子体组织中，精子具多鞭毛。中国 6 种，深圳 1 种。

大约出现于 3 亿年前。生活史中仅 1～3 枚叶，并且叶柄与孢子叶穗轴合而为一。

莲座蕨属 Angiopteris：厚囊蕨类 Eusporangiopsida，莲座蕨目，该目仅此1属。具短的块茎状茎干，连同宿存的叶基、托叶形成硕大的莲座状，少数具根状茎，外被毛或鳞片。叶为羽状或掌状复叶，在叶柄基部有一对宿存的托叶。孢子囊聚合成孢子囊群，孔裂或缝裂，或在顶端具有类似环带结构的增厚细胞。配子体心形，宽2.5～3.5 cm，具背腹性，有中脉，是真蕨植物中最大的。精子器由孔盖细胞开放。胚上半部发育为根、茎、子叶，下半部发育为胚柄。常见的有福建莲座蕨（A. fokenensis Hieron.）。

(7) 福建莲座蕨 *Angiopteris fokenensis* Hieron.

紫萁属 Osmunda：原始薄囊蕨类 Protoleptosporangiopsida，紫萁目，该目有3属。孢子囊常由一个原始细胞发育而成，但囊柄可由多数细胞发生。孢子囊的壁由单层细胞构成，孢子同时发育。孢子囊壁形成不发达的横行盾形环带。配子体为长心形的叶状体。根状茎粗短，外面包被着宿存的叶基。叶簇生于茎顶端，幼叶拳卷，被棕色茸毛，成熟后叶平展，茸毛脱落。叶为一至二回羽状复叶。常孢子叶与营养叶异型，营养叶比孢子叶生长期长。

(8) 华南紫萁 *Osmunda vachellii* Hook.　　(9) 紫萁 *Osmunda japonica* Thunb.

提问：华南紫萁与紫萁有何区别？

华南紫萁：

紫萁：

蕨属 Pteridium：薄囊蕨类 Leptosporangiopsida，水龙骨目，蕨科 Pteridiaceae。根状茎分枝，横卧，被棕色的茸毛。茎的中柱为多环多裂网状中柱，有一圈内皮层，维管束外具维管束鞘，木质部中始式。叶每年从根状茎上抽出，叶柄长而粗壮。叶片大，二至四回羽状复叶。孢子囊群沿叶边缘连续分布。孢子囊壁有一条纵行环带。

(10) 蕨 *Pteridium aquilinum* (L.) Kuhn var. *latiusculum* (Desv.) Underw. ex Heller

蕨又称蕨菜。分布于我国东北部至海南岛，亦至欧洲。

(11) 海金沙 *Lygodium japonicum* (Thunb.) Sw.

海金沙科 Lygodiaceae，海金沙属 *Lygodium*。攀援（即攀缘）。根状茎长而横走，具原生中柱，有毛而无鳞片。叶单轴型，叶轴为无限生长，细长，缠绕攀援。叶二型，纸质，连同叶轴和羽轴有疏短毛；不育叶尖三角形，二回羽状，小羽片掌状或三裂，边缘有不整齐的浅钝齿；能育叶卵状三角形，小羽片边缘生流苏状的孢子囊穗。孢子囊大，椭圆形，顶生环带。广布于我国暖温带及亚热带地区。

(12) 铁线蕨 *Adiantum capillus-veneris* L.

铁线蕨科 Adiantaceae，铁线蕨属 *Adiantum*。植株高 15～40 cm。根状茎横走，有淡棕色披针形鳞片。叶近生，薄草质，无毛；叶柄栗黑色；叶片卵状三角形，中部以下二回羽状，小羽片斜扇形或斜方形，外缘浅裂至深裂，裂片狭，不育裂片顶端钝圆并有细锯齿；叶脉扇状分叉。孢子囊群生于由裂片顶部反折的假囊群盖下面；假囊群盖圆肾形至矩圆形，全缘。广布于我国长江以南各省区，为钙质土指示植物。

(13) 狗脊蕨 *Woodwardia japonica* (L. f.) Sm.

乌毛蕨科 Blechnaceae，狗脊蕨属 *Woodwardia*。植株高 65～90 cm。根状茎粗短，直立。叶簇生；叶柄深禾秆色；叶片矩圆形，厚纸质，二回羽裂。孢子囊群长形，生于主脉两侧相对的网脉上；囊群盖长肾形，革质，以外侧边着生，开向主脉。孢子囊大，纵行环带。

（14）苏铁蕨 *Brainea insignis*（Hook.） J. Smith

乌毛蕨科 Blechnaceae，苏铁蕨属 *Brainea*，该属仅此1种。植株形如苏铁，有直立粗圆柱状茎干，顶端密生红棕色鳞。大型羽状复叶，簇生茎顶部，叶片卵状披针形至长椭圆状披针形，一回羽状。孢子囊群无盖。分布于我国广东北部至中南部以及广西、海南、香港、福建、云南。国外分布于印度经东南亚至菲律宾。生于海拔200～1 000 m山坡向阳处。易危种（VU）。

（15）桫椤 *Alsophila spinulosa*（Wallich ex Hooker） R. M. Tryon

桫椤科 Cyatheaceae，桫椤属 *Alsophila*。树蕨，高可达8 m。大型羽状复叶，顶端簇生成丛状，形如棕榈。叶柄基部被鳞片，与叶轴一起具皮刺。叶片长椭圆形或长扇形，三回羽状，羽轴上面具柔毛，小羽轴具阔鳞片。孢子囊群圆形，有盖。分布于我国广东大部以及香港、台湾、福建、广西、贵州、云南、四川。国外分布于日本、越南、柬埔寨、泰国、缅甸、印度（锡金）。生于低海拔山谷疏林中。易危种（VU）。桫椤科在马来西亚、越南热带地区约有600种。

（16）日本水龙骨 *Polypodium niponica*（Mett.） Ching

水龙骨科 Polypodiaceae，水龙骨属 *Polypodium*。植株高15～40 cm。根状茎长而横走，黑褐色，顶部具鳞片。叶远生，薄纸质，两面密生灰白色短柔毛；叶柄长5～20 cm；叶片矩圆状披针形，向顶部短渐尖，羽状深裂几达叶轴。孢子囊群生于内藏小脉顶端，在主脉两侧各排成整齐的一行，无盖。孢子囊具纵行环带。广布于我国长江以南各省区。附生于岩石上。其他常见种如尖齿拟水龙骨 [*Polypodiastrum argutum* (Wall. ex Hook.) Ching]。

(17) 苹 *Marsilea quadrifolia* L.

苹目，苹科 Marsileaceae，苹属 *Marsilea*。小型水生蕨类，草本。根状茎长而匍匐，二叉分枝，根状茎具双韧管状中柱，能无限生长；腹面生不定根，上生互生叶。叶有长柄，由4片小叶组成。孢子囊生于特化的孢子囊果中，孢子囊顺序发生。每个孢子囊果具多数孢子囊群，孢子囊群中大孢子囊和小孢子囊混生。孢子囊果壁是由羽片变态所形成的。

(18) 槐叶苹 *Salvinia natans* (L.) All.　　(19) 满江红 *Azolla imbricata* (Roxb.) Nakai

槐叶苹目，槐叶苹科 Salviniaceae。漂浮水生植物。生殖时产生孢子囊果。孢子囊果单性，大孢子囊果内含1至多个大孢子囊；小孢子囊果内含有许多小孢子囊。孢子囊果壁是由变态的囊群盖形成。

槐叶苹：槐叶苹属 *Salvinia*。小型浮水植物。茎横卧于水面，无根。茎节上3叶轮生：上侧2叶矩圆形；下侧1叶细裂成须状，称为沉水叶。孢子囊果簇生在沉水叶基部短柄上。大孢子囊内含大孢子1枚；小孢子囊果较大，内含多数小孢子囊，每个小孢子囊内含小孢子64枚。

满江红：满江红属 *Azolla*。又称为绿苹或红苹。根状茎横卧于水面，羽状分枝，须根下垂于水中。叶覆瓦状排列于茎上，无柄，深裂为上、下两瓣，下瓣斜生于水中，无色素，上瓣内侧的空隙中含有胶质。并有鱼腥藻（*Anabaena azollae*）共生。满江红幼时绿色，成熟时或到秋冬季时转为红色，使江河湖泊呈现一片红色，因此称为满江红。鱼腥藻能固定空气中的游离氮，故满江红又是良好的绿肥。

2.1.2　裸子植物

裸子植物（Gymnospermae）在二叠纪至三叠纪时期在地球上极为繁盛，裸子植物进化出无种皮的种子，使得自身的繁殖能力优于靠孢子囊繁殖的蕨类。现生的裸子植物类群有苏铁纲、银杏纲、松柏纲、红豆杉纲及买麻藤纲。

● 苏铁纲 Cycadopsida

苏铁科 Cycadaceae，苏铁属 *Cycas*： 约60种，中国16种。具独立柱状主干。茎中有宽大的髓部和厚的皮层。大型羽状复叶，革质，幼叶拳卷。雌雄异株。小孢子叶厚囊性发育；大孢子叶胚珠边缘生，珠被发育为3层，外层红色肉质，中层石细胞骨质，内层薄纸质。具游动精子。

(20) 苏铁 *Cycas revoluta* Thunb.　　　　(21) 仙湖苏铁 *Cycas fairylakea* D. Y. Wang

● 银杏纲 Ginkgopsida

起源可以追溯到二叠纪，距今2.25亿年左右，中生代遍布于全世界。叶片扇形，二叉脉序。1亿多年的化石形态与现生银杏相似，在演化进程中保持着形态上的稳定性，是当之无愧的"活化石"。现仅存1科1属1种。

(22) 银杏 *Ginkgo biloba* L.

银杏科 Ginkgoaceae，银杏属 *Ginkgo*。高大乔木，茎干多分枝，具长短枝。阔叶，扇形，二裂，二叉脉序，内有分泌道。大小孢子叶球单性，异株。大孢子叶称为珠领，为环状；小孢子叶排成柔荑花序状。精子多鞭毛。种子核果状，珠被发育成3层：肉质、骨质、膜质。

● 松柏纲 Coniferae

松柏纲植物叶多为针状，因而常称为针叶树或针叶植物（conifer）。针叶植物构成的优势森林称为针叶林（needle forest）；又因孢子叶常排成球果（cone）而称为球果植物（coniferophyte）。

松科 Pinaceae： 顶枝有芽，具长短枝。叶条状、针形，基部不下延。雌雄同株。珠鳞与苞鳞离生，螺旋状排列。雄蕊花药2（小孢子囊2）。每珠鳞胚珠2。种子2，上端具翅或无翅。

(23) 马尾松 *Pinus massoniana* Lamb.

具针叶、鳞叶、鞘叶，针叶2针一束。孢子叶球单性同株。大孢子叶球的苞鳞和珠鳞常分离，珠鳞发达，近轴面基部有2枚胚珠。种子常有翅。

杉科 Taxodiaceae：叶披针形、钻状、鳞状或条形。珠鳞与苞鳞半合生，螺旋状排列。每珠鳞胚珠2～9。种子2～9粒，两侧具翅或大部具翅。

（24）杉木 *Cunninghamia lanceolata* (Lamb.) Hook.

叶互生，条状披针形，有锯齿。苞鳞大，种鳞小。能育种鳞有3粒种子，种子两侧具翅。中国特有种，分布于我国长江流域及以南各省区。

（25）水松 *Glyptostrobus pensilis* (Staunt.) Koch

水松属 *Glyptostrobus*，单型属、中国特有属；第三纪孑遗种，"活化石"。叶互生，异型，条形、针状而稍弯或鳞片状；有条形叶的小枝冬季脱落，有鳞形叶的小枝不落。种鳞木质，先端有6～10裂齿。能育种鳞有2粒种子，种子下端有长翅。分布于我国华南和西南。

柏科 Cupressaceae：叶鳞状、刺状，常绿。常交互对生或轮生。珠鳞与苞鳞合生。种子1至多粒，两侧具窄翅或上部具一长一短翅或无翅。

（26）侧柏 *Platycladus orientalis* (L.) Franco

（27）圆柏 *Sabina chinensis* (L.) Ant.

侧柏属 *Platycladus*，单型属。叶鳞形，交互对生。小枝扁平，排成一平面，直展。孢子叶球单性同株，单生于短枝顶端。球果木质，当年成熟；种鳞4对，扁平，背部近顶端具反曲的尖头。种子1或2枚，无翅或有棱脊。

圆柏属 *Sabina*。叶鳞形或刺形，刺形叶基部下延。孢子叶球单性异株，单生于枝顶。球果木质；种鳞完全结合，成熟时不张开。种子无翅。干枝叶可提取挥发油，种子可提取润滑油。

南洋杉科 Araucariaceae：大枝常轮生；叶螺旋状着生或交互对生，革质，基部下延；叶钻状、卵形、披针形，常绿。

(28) 南洋杉 Araucaria cunninghamia Sw.

南洋杉属 *Araucaria*。花单性异株，稀同株。小孢子叶具 4～20 个小孢子囊，花粉粒无气囊。珠鳞不发达，舌状，苞鳞发达，珠鳞与苞鳞合生或离生。种子 1 枚，无翅或具两侧的翅和顶翅。子叶 2～4 个。

● 紫杉纲（红豆杉纲）Taxopsida

叶条形或披针状、阔披针状。孢子叶球单性异株，稀同株。大孢子叶特化为珠托或套被，组成大孢子球，顶生，但不形成球果。种子具肉质的假种皮或外种皮。小孢子叶球单生，柔荑花序状。

(29) 罗汉松 Podocarpus macrophylla (Thunb.) D. Don

罗汉松科 Podocarpaceae，罗汉松属 *Podocarpus*。茎枝中无树脂道。具胚珠 1 枚。种子具肥厚的种托，为肉质化的托苞片，不育苞片。小孢子叶具 2 孢子囊。花粉粒具 2～6 气囊。

(30) 三尖杉 Cephalotaxus fortunei Hook. f.

(31) 南方红豆杉 Taxus wallichiana var. mairei (Lemée & H. Léveillé) L. K. Fu & Nan Li

三尖杉科（粗榧科）Cephalotaxaceae，仅 1 属，三尖杉属 *Cephalotaxus*。常绿小乔木或灌木，具近对生或轮生的枝条，有鳞芽。叶条形或披针状条形，交互对生或近对生，在侧枝上基部扭转成 2 列。孢子叶球常单性异株。小孢子叶 6～11 个组成球状总序；小孢子叶具 3～5 个孢子囊，花粉粒无气囊。大孢子叶 3～4 对组成大孢子叶球，孢子叶具 2 枚胚珠；不育的大孢子叶形成囊状套被，紧抱胚珠，发育成假种皮。

红豆杉科（紫杉科）Taxaceae，红豆杉属 *Taxus*。茎枝无树脂道。具鳞芽。叶披针形或条形，互生或近对生，叶柄扭转而成 2 列状；叶背具 2 条气孔带。孢子叶球单性异株，稀同株。小孢子叶球常单生，或少数呈柔荑花序状球序；小孢子叶具 6～8 个孢子囊，花粉粒不具气囊。大孢子叶珠托状，有成对不育苞片，胚珠单生；大孢子叶成熟时形成红色假种皮，杯状。

(32) 穗花杉 Amentotaxus argotaenia (Hance) Pilger

(33) 白豆杉 Pseudotaxus chienii (W. C. Cheng) W. C. Cheng

红豆杉科 Taxaceae，穗花杉属 Amentotaxus。叶交互对生，宽披针状。小孢子叶球聚生成穗状，大孢子叶球单生。种子生于囊状、红色的肉质假种皮中，仅顶端尖头露出。为中国特有属、特有种。

红豆杉科 Taxaceae，白豆杉属 Pseudotaxus。中国特有种，孑遗种。常绿灌木。叶条形，2列，叶背有2条白色气孔带。种子卵圆形，成熟时有白色杯状，假种皮。生于海拔 800～1 600 m，阔叶林中。产于我国华南、华东、西南。

● 买麻藤纲 Gnetopsida

藤本，灌木，块状体，稀小乔木。次生木质部具有导管，无树脂道。叶对生，阔叶状、带状或退化成鳞片状。孢子叶球序二叉分枝，有类似花被的盖被（chlamydia），为不育苞片。胚珠珠被1～2层，珠被向外延伸，形成珠孔管。精子无鞭毛，仅麻黄有颈卵器。种子有假种皮，胚具子叶2枚，胚乳丰富。

(34) 草麻黄 Ephedra sinica Stapf.

麻黄科 Ephedraceae，仅1属，麻黄属 Ephedra。常绿小灌木，枝细长，具节和节间。叶退化成鳞片状。大孢子叶胚珠1～3枚，盖被肥厚，形成大孢子叶球，胚珠具颈卵器1～3个。小孢子叶球腋生轴上，基部盖片2～4，盖片之间有柄状孢子叶，顶端着生2～8个小孢子聚囊。

(35) 小叶买麻藤 Gnetum parvifolium (Warb.) C. Y. Cheng ex Chun

买麻藤科 Gnetaceae，仅1属，买麻藤属 Gnetum。缠绕性大藤本，枝有膨大关节。木质部具导管。叶对生或轮生，阔叶，宽阔，羽状网脉。孢子叶球在轮状苞片内腋生，单性同株或异株。大孢子叶具一胚珠，不具颈卵器，游离核1～3。小孢子叶二浅裂，中间具一柄状物，顶端1～4个孢子囊。

(36) 百岁兰 *Welwitschia mirabilis* Hook. f.

百岁兰科 Welwitschiaceae，仅 1 属，百岁兰属 *Welwitschia*，1 种。茎粗短块状体，终生只有 1 对大型的带状叶。叶长达 3 m，宽约 1 m，具平行脉，平行脉之间有斜向的横脉。具发育不完善的两性孢子叶球。小孢子叶球由 6 个小孢子叶合生成，中央不育胚珠 1 枚。产于非洲西南部沙漠，为典型的旱生植物。

2.1.3 被子植物

被子植物（Angiospermae）具花，胚珠由心皮（carpel）包裹形成子房（ovary），发育成为果实。胚珠发育过程具有双受精现象，形成双倍体的胚和三倍体的胚乳。被子植物是植物界演化的高级阶段，习性多样化，能适应各类生态环境，形成"根、茎、叶、花、果实、种子"等多样化的适应性特征。就分类辨识而言，下列各方面的特征可作为一个学习的归纳。

● 有卷须

西番莲科 Passifloraceae：如广东西番莲（野生）、西番莲（逸生）。

葫芦科 Cucurbitaceae：卷须着生在托叶的位置或叶腋处。藤本、瓠果、雄蕊常合生成 3 束，叶多纸质。如两广栝楼、老鼠拉冬瓜、南瓜等。

(37) 广东西番莲 *Passiflora kwangtungensis* Merr.

藤状，多卷须。

(38) 马㼎儿 *Zehneria indica* (Lour.) Keraudren

蓼科 Polygonaceae：如珊瑚蓼。

(39) 珊瑚蓼 *Antigonon leptopus* Hook. & Arn.

茎先端变态成卷须状。产于南美洲。广泛栽培。

葡萄科 Vitaceae：卷须与叶对生。藤本，单叶、复叶，花小，$K_{(5)}C_5A_5$心皮合生，浆果。如粤蛇葡萄、大叶蛇葡萄、乌蔹莓、尾叶崖爬藤（2叶）、三叶崖爬藤（3叶）、扁担藤（5叶）等。

（40）粤蛇葡萄 *Ampelopsis cantoniensis* (Hook. et Arn.) Planch.

（41）角花乌蔹莓 *Cayratia corniculata* (Thunb.) Gagnep.

菝葜科 Smilacaceae：木本，托叶卷须。托叶刺、皮刺。伞形花序。核果。基出3～5弧形脉，网脉明显。如菝葜（金刚藤）、暗色菝葜、土茯苓、粉背菝葜、翅柄菝葜。

（42）粉背菝葜 *Smilax hypoglauca* Benth.

（43）土茯苓 *Smilax glabra* Roxb.

（44）肖菝葜 *Heterosmilax japonica* Kunth

薯蓣科 Dioscoreaceae：托叶卷须。叶对生、互生，阔叶，网脉，基出弧形脉3～5条。偶有皮刺，托叶非翅状。花序穗状。翅果。如薯莨、异块茎薯蓣（单叶3～5裂，被微毛）、黄独（叶草质，卵状心形，基出5脉）、柳叶薯蓣（叶线形，基部心形）等。

（45）薯莨 *Dioscorea cirrhosa* Lour.

（46）黄独 *Dioscorea bulbifera* L.

豆科 Fabaceae：有茎卷须，先端攀援状，如龙须藤、红茸毛羊蹄甲、藤黄檀、天香藤、豌豆等。

（47）龙须藤 *Bauhinia championii* (Benth.) Benth.

（48）藤黄檀 *Dalbergia hancei* Benth.

或无卷须，但呈缠绕状，如藤槐、鸡血藤、藤金合欢、野葛、相思子、鱼藤等。

（49）藤槐 *Bowringia callicarpa* Champ. ex Benth.

（50）鱼藤 *Derris trifoliata* Lour.

其他缠绕性、攀援状的植物亦很多，见下。

卫矛科 Celastraceae：如南蛇藤、青江藤，为缠绕性、攀援性植物。

马兜铃科 Aristolochiaceae：如通城虎。

（51）青江藤 *Celastrus hindsii* Benth.

（52）通城虎 *Aristolochia fordiana* Hemsl.

毛茛科 Ranunculaceae：如铁线莲、柱果铁线莲等。

(53) 铁线莲 *Clematis florida* Thunb.

木通科 Lardizabalaceae：如野木瓜等，为攀援性植物。

(54) 野木瓜 *Stauntonia chinensis* DC.

防己科 Menispermaceae：如细圆藤、轮环藤、毛叶轮环藤、千金藤等。

(55) 夜花藤 *Hypserpa nitida* Miers

(56) 木防己 *Cocculus orbiculatus* (L.) DC.

桑科 Moraceae：如葡蟠等。

(57) 葡蟠 *Broussonetia kaempferi* Sieb. var. *australis* Suzuki

紫金牛科 Myrsinaceae：如酸藤子、白花酸藤子、网脉酸藤子等，为攀援性植物。

(58) 白花酸藤子 *Embelia ribes* Burm. f.

(59) 酸藤子 *Embelia laeta* (L.) Mez

马钱科 Loganiaceae：如三脉马钱、断肠草等。

（60）三脉马钱 Strychnos cathayensis Merr.　　（61）断肠草（钩吻）Gelsemium elegans (Gardn. & Champ.) Benth.

夹竹桃科 Apocynaceae：如尖山橙、帘子藤等。

（62）尖山橙 Melodinus fusiformis Champ. ex Benth.　　（63）帘子藤 Pottsia laxiflora (Bl.) O. Ktze.

萝藦科 Asclepiadaceae：如白叶藤、天星藤等。

（64）天星藤 Graphistemma pictum (Champ.) Benth. et HK. f. ex Maxim.

其他缠绕性植物如须叶藤科：须叶藤，茎先端变态卷须，仅产于海南岛；胡椒科：石南藤、风藤；龙胆科：双蝴蝶；茜草科：鸡眼藤、流苏子；猕猴桃科：两广猕猴桃、棕毛猕猴桃、绵毛猕猴桃、多花猕猴桃；牛栓藤科：红叶藤、大叶红叶藤；忍冬科：山银花；番荔枝科：白背瓜馥木、香港瓜馥木、多花瓜馥木、酒饼叶等。

● **具乳汁**

桑科 Moraceae：如白桂木、藤构、穿破石、对叶榕、五指毛桃、薜荔、台湾榕、小叶胭脂等。

20

(65) 白桂木 *Artocarpus hypargyreus* Hance　　(66) 薜荔 *Ficus pumila* L.

藤黄科 Guttiferae：如多花山竹子、岭南山竹子、横经席等。

(67) 岭南山竹子 *Garcinia oblongifolia* Champ. ex Benth.　　(68) 多花山竹子 *Garcinia multiflora* Champ. ex Benth.

夹竹桃科 Apocynaceae：几乎全部具乳汁，如夹竹桃、帘子藤、络石、尖山橙、羊角拗等。

(69) 络石 *Trachelospermum jasminoides* (Lindl.) Lem.　　(70) 黄花夹竹桃 *Thevetia peruviana* (Pers.) K. Schum.

大戟科 Euphorbiaceae：部分种类具乳汁，如大飞扬、山乌桕、乌桕、木油桐、血桐等。

(71) 飞扬草 *Euphorbia hirta* L.　　(72) 木油桐 *Vernicia montana* Lour.

（73）山乌桕 *Triadica cochinchinensis* Lour.　　（74）乌桕 *Triadica sebiferum*（L.）Small

大戟科相当部分种类无乳汁，如野桐、叶下珠、大叶土密树、五月茶、毛果算盘子（漆大姑）、白背算盘子、余甘子、黑面神、铁苋菜、算盘子、中平树等。

（75）越南叶下珠 *Phyllanthus cochinchinensis*（Lour.）Spreng.　　（76）黑面神 *Breynia fruticosa*（L.）Müll. Arg.

菊科 Compositae，管状花亚科：具乳汁，如黄鹌菜、一点红、莴苣、野苦荬、革命菜（有水液）。

（77）一点红 *Emilia sonchifolia*（L.）DC.

菊科，舌状花亚科：无乳汁，如旱莲草、蟛蜞菊、夜香牛、加拿大飞蓬、千里光、茄叶斑鸠菊、黄花蒿、胜红蓟、东风草。

（78）三裂叶蟛蜞菊 *Wedelia trilobata*（L.）Hitchc.　　（79）胜红蓟 *Ageratum conyzoides* L.

萝藦科 Asclepiadaceae：几乎全部具乳汁，如白叶藤、天星藤、娃儿藤等。

（80）娃儿藤 *Tylophora ovata* (Lindl.) Hook. ex Steud.

桔梗科 Campanulaceae：部分种类具乳汁，如大花金钱豹、金钱豹等。

（81）金钱豹 *Campanumoea javanica* Bl.

其他具乳汁的植物如豆科：老茎具乳汁，如鸡血藤。大血藤科：大血藤，老茎具乳汁。漆树科：部分种类有乳汁，如野漆树；盐肤木、木蜡树无乳汁。橄榄科：白榄，成熟叶具乳汁，幼树的复叶乳汁不明显。某些植物仅具水液，见下。

荨麻科 Urticaceae：部分具水液，如紫麻、蔓茎赤车、糯米团、青叶苎麻、野苎麻、冷水花等。

（82）糯米团 *Gonostegia hirta* (Bl.) Miq.

（83）透茎冷水花 *Pilea pumila* (L.) A. Gray

茄科 Solanaceae：如少花龙葵，具水液。

（84）少花龙葵 *Solanum americanum* Mill.

天南星科 Araceae：如海芋，具水液。

（85）海芋 *Alocasia macrorrhizos* (L.) G. Don

远志科 Polygalaceae：如黄花倒水莲，具水液。　　爵床科 Acanthaceae：如马蓝，具水液。

（86）黄花倒水莲 *Polygala fallax* Hemsl.　　（87）马蓝 *Strobilanthes cusia* (Nees) Kuntze

其他一些具水液的植物如秋海棠科：紫背天葵、裂叶秋海棠；马齿苋科：马齿苋；茜草科：巴戟天、鸡眼藤、短小蛇根草；旋花科：部分种类具水液，如裂叶牵牛、丁公藤。

● 具特殊果实

荚果：如豆科（Fabaceae）（广义）的软荚红豆、肥荚红豆、藤槐、木豆、野葛、三裂叶野葛、天香藤、红茸毛羊蹄甲、龙须藤、大叶云实、藤黄檀、山鸡血藤等。

（88）软荚红豆 *Ormosia semicastrata* Hance　　（89）华南云实 *Caesalpinia crista* L.

（90）藤槐 *Bowringia callicarpa* Champ. ex Benth.

90a

90b

角果：如十字花科（Crucifere）的荠菜、蔊菜；白花菜科（Cappriaceae），部分种类，如醉蝶花。

（91）蔊菜 *Rorippa indica*（L.）Hiern.

（92）荠菜 *Capsella bursa-pastoris*（L.）Medic.

蓇果：如芸香科（Rutaceae）的花椒簕、两面针、簕欓、楝叶吴茱萸、三桠苦、多刺花椒、大叶臭椒。但不是特征性的，其他科的许多植物亦具有蓇果。

（93）楝叶吴茱萸 *Tetradium glabrifolium*（Champ. ex Benth.）Hartley

（94）花椒簕 *Zanthoxylum scandens* Bl.

瓠果：如葫芦科（Cucurbitaceae）的佛手瓜、罗汉果、牛角瓜。瓠果是葫芦科的标志性特征。

（95）佛手瓜 *Sechium edule*（Jacq.）Swartz

（96）罗汉果 *Siraitia grosvenorii*（Swingle）C. Jeffrey ex Lu et Z. Y. Zhang

（97）牛角瓜 *Calotropis gigantea*（L.）Dry. ex Ait. f.

柑果：如芸香科（Rutaceae）的山橘、山油柑。柑果是芸香科的标志性特征，但芸香科还含有核果类。

（98）山橘 *Citrus japonica* Thunb. （99）山油柑 *Acronychia pedunculata* (L.) Miq.

核果：如蔷薇科（Rosaceae）的李属、杏属等。 **梨果**：如苹果亚科（Maloideae）的枇杷、香花枇杷、花楸、海棠等。

（100）李 *Prunus salicina* Lindl. （101）香花枇杷 *Eriobotrya fragrans* Champ. ex Benth.

聚花果：如桑科（Moraceae）的白桂木、木菠萝；凤梨科（Bromeliaceae）的菠萝；露兜树科（Pandanaceae）的露兜草、露兜簕。

（102）木菠萝 *Artocarpus heterophyllus* Lam. （103）露兜簕 *Pandanus tectorius* Parkinson

双悬果：如伞形花科（Umbelliferae）的积雪草、红马蹄草。伞形花科为特征性的双悬果。

（104）珊瑚菜 *Glehnia littoralis* Fr. Schmidt ex Miq. （105）肾叶天胡荽 *Hydrocotyle wilfordi* Maxim.

坚果：如壳斗科（Fagaceae）的青冈。

（106）青冈 *Cyclobalanopsis glauca* (Thunb.) Oerst.

念珠果：如番荔枝科（Annonaceae）的假鹰爪，每心皮多胚珠，隘缩状。

（107）假鹰爪 *Desmos chinensis* Lour.

菁荚果：如梧桐科（Sterculiaceae）的假苹婆。

（108）假苹婆 *Sterculia lanceolata* Cav.

翅果：如槭树科（Aceraceae）的滨海槭、亮叶槭。

（109）滨海槭 *Acer sino-oblongum* Metc.

● 具特殊香气

樟科 Lauraceae：叶揉之具香气，如黄樟、无根藤、华南桂、生虫树、陈氏钓樟、山钓樟、豺皮樟、鸭公树、短花序楠、华润楠、绒毛润楠等。

（110）黄樟 *Cinnamomum parthenoxylon* (Jack) Meissn

（111）豺皮樟 *Litsea rotundifolia* Hemsl. var. *oblongifolia* (Nees) Allen

芸香科 Rutaceae：如三桠苦、东风桔（酒饼簕）、花椒簕、两面针、多刺花椒等。

（112）三桠苦 *Melicope pteleifolia* (Champ. ex Benth.) Hartley

（113）酒饼簕 *Atalantia buxifolia* (Poir.) Oliv. ex Benth.

瑞香科 Thymelaeaceae：如毛瑞香、了哥王、白木香（土沉香）等。

（114）土沉香 *Aquilaria sinensis* (Lour.) Spreng.（图114b为被砍掉的土沉香）

114a

（115）了哥王 *Wikstroemia indica* (L.) C. A. Mey

114b

菊科 Compositae：如鸭脚艾（野菊）、青蒿、黄花蒿、香丝草、东风草、夜香牛、豨莶草等。

（116）蒿 *Artemisia wurzellii* C. M. James & Stace

（117）野菊 *Chrysanthemum indicum* Thunb.

(118) 东风草 *Blumea megacephala* (Randeria) C. T. Chang & C. H. Yu ex Y. Ling

玄参科 Scrophulariaceae：如毛麝香等。

马鞭草科 Verbenaceae：如马缨丹、鬼灯笼、臭茉莉等。

(119) 毛麝香 *Adenosma glutinosum* (L.) Druce

(120) 重瓣臭茉莉 *Clerodendrum chinense* (Osbeck) Mabb.

伞形花科 Umbelliferae：如积雪草、刺芫荽、红马蹄草等。

唇形花科 Labiatae：如广防风、南方香简草、瘦风轮菜、红紫苏等。

(121) 积雪草 *Centella asiatica* (L.) Urban

(123) 广防风 *Anisomeles indica* (L.) Kuntze

姜科 Zingiberaceae：如华山姜、襄荷、艳山姜等。

(122) 艳山姜 *Alpinia zerumbet* (Pers.) Burtt. et Smith

其他有特殊香气的植物如橄榄科的橄榄（白榄）；金缕梅科的枫香、阿丁枫、半枫荷等。

● **有刺**

苋科 Amaranthaceae：如刺苋、野苋菜。　　**蓼科 Polygonaceae**：如杠板归。

（124）野苋菜 *Amaranthus blitum* L.　　（125）杠板归 *Polygonum perfoliatum* L.

蔷薇科 Rosaceae：如尖嘴林檎、火棘、豆梨、沙梨。其中蔷薇属（*Rosa*）多具刺，如金樱子、月季花、白花悬钩子、七裂叶悬钩子、山莓、锈毛莓、灰毛泡。

（126）金樱子 *Rosa laevigata* Michx.　　（127）广东蔷薇 *Rosa kwangtungensis* Yu et Tsai

（128）锈毛莓 *Rubus reflexus* Ker.　　（129）白花悬钩子 *Rubus leucanthus* Hance

壳斗科 Fagaceae：如板栗、罗浮栲、岭南栲等。

（130）岭南栲 *Castanopsis fordii* Hance
　　　　果实总苞被刺毛。

30

豆科 Fabaceae（广义）：如南蛇簕（喙荚云实）、大叶云实、小果皂荚、藤金合欢、银合欢、天香藤、藤黄檀、刺桐。

(131) 刺果苏木 *Caesalpinia bonduc* (L.) Roxb.

(132) 刺桐 *Erythrina variegata* L.

五加科 Araliaceae：如楤木属（*Aralia*）的黄毛楤木、长刺楤木。

胡颓子科（Elaeagnaceae）：如密花胡颓子、蔓胡颓子、角花胡颓子。

(133) 黄毛楤木 *Aralia decaisneana* Hance

(134) 长刺楤木 *Aralia spinifolia* Merr.

(135) 福建胡颓子 *Elaeagnus oldhami* Maxim.

芸香科 Rutaceae：如山橘、多刺花椒、两面针、簕欓、花椒簕等。

(136) 大叶臭花椒 *Zanthoxylum myriacanthum* Wall. ex Hook. f.

(137) 两面针 *Zanthoxylum nitidum* (Roxb.) DC.

鼠李科 Rhamnaceae：如马甲子、钩状雀梅藤、雀梅藤、铜钱树等。

（138）马甲子 *Paliurus ramosissimus* (Lour.) Poir.　　（139）雀梅藤 *Sageretia thea* (Osbeck) Johnst.

茜草科 Rubiaceae：如山石榴、毛钩藤、钩藤等。

（140）山石榴 *Catunaregam spinosa* (Thunb.) Tirveng.　　（141）钩藤 *Uncaria rhynchophylla* (Miq.) Miq. ex Havil.

棕榈科 Palmae：如杖枝省藤、华南省藤等。　　**露兜树科 Pandanaceae**：叶有刺。如露兜簕。

（142）杖藤 *Calamus rhabdocladus* Burret　　（143）露兜簕 *Pandanus tectorius* Parkinson

其他有刺植物如小檗科：八角莲、三颗针。卫矛科：青江藤、南蛇藤，具皮刺。白花菜科：尖叶槌果藤、广州槌果藤、屈头鸡。大戟科：火殃簕。番荔枝科：鹰爪、香港鹰爪。杜鹃花科：刺毛杜鹃、吊钟花、鹿角杜鹃、映山红。菝葜科：菝葜、暗色菝葜、翅柄菝葜、土茯苓、光叶菝葜、粉背菝葜。马钱科：三脉马钱、伞花马钱。藤黄科：黄牛木，老茎具刺。大风子科：南岭柞木、长叶柞木、刺柊。薯蓣科：光叶薯蓣、山薯蓣、薯蓣，具刺；异块茎薯蓣、黄独、零余子，无刺。竹亚科：佛肚竹、麻竹、篱竹。

● 复叶类型

漆树科 Anacardiaceae：如南酸枣、盐肤木、野漆树等。

（144）盐肤木 *Rhus chinensis* Mill.

（145）野漆树 *Toxicodendron succedaneum* (L.) O. Kuntze

胡桃科 Juglandaceae：如黄杞、少叶黄杞等。

（146）黄杞 *Engelhardtia roxburghiana* Wall.

无患子科 Sapindaceae：如龙眼、荔枝等。

（147）龙眼 *Dimocarpus longan* Lour.

牛栓藤科 Connaraceae：如红叶藤、大叶牛栓藤等。

（148）小叶红叶藤 *Rourea microphylla* (Hook. et Arn.) Planch.

楝科 Meliaceae：如麻楝、香椿等。

（149）苦楝 *Melia azedarach* L.

豆科 Fabaceae（广义）：如大叶云实、南蛇簕、华南云实、猴耳环、亮叶猴耳环、银合欢、蚁花、台湾相思、海红豆、藤黄檀、疏花山绿豆、鸡血藤、肥荚红豆、野葛、排钱草等。

（150）美丽鸡血藤 Callerya speciosa (Champ. ex Benth.) Schot

（151）猴耳环 Archidendron clypearia (Jack) I. C. Nielsen

（152）野葛 Pueraria montana (Lour.) Merr. var. lobata (Willd.) Maesen et S. M. Almeida ex Sanjappa et Predeep

马鞭草科 Verbenaceae：如山牡荆，为掌状复叶。

（153）山牡荆 Vitex quinata (Lour.) Wall.

五加科 Araliaceae：如鸭脚木、楤木，为掌状复叶。

（154）鸭脚木 Schefflera heptaphylla (L.) Frodin

葡萄科 Vitaceae：如粤蛇葡萄、乌蔹莓、三叶崖爬藤、扁担藤等。

（155）角花乌蔹莓 Cayratia corniculata (Benth.) Gagnep.

（156）扁担藤 Tetrastigma planicaule (Hook.) Gagnep.

百合科 Liliaceae：如七叶一枝花（重楼）等。

（157）华重楼 Paris polyphylla Sm. var. chinensis (Franch.) Hara

木犀（同"木樨"）科 Oleaceae：如山指甲、光清香藤、华清香藤、木蜡树等。

（158）清香藤 Jasminum lanceolaria Roxb.

其他复叶植物如芸香科：三桠苦、山橘、花椒簕、两面针、多刺花椒、簕欓；酢浆草科：阳桃、红花酢浆草；蔷薇科：金樱子、白花悬钩子；橄榄科：橄榄；大血藤科：大血藤（三小叶）；薯蓣科：异块茎薯蓣；棕榈科：杖枝省藤、封开蒲葵。

● 基出弧形脉

野牡丹科 Melastomataceae：如地稔、野牡丹、毛稔、多花野牡丹、展毛野牡丹、肖野牡丹、柏拉木、红背野海棠、熊巴掌。

（159）地稔 Melastoma dodecandrum Lour.

（160）多花野牡丹 Melastoma malabathricum L.

薯蓣科 Dioscoreaceae：如黄独、光叶薯蓣、异块茎薯蓣。

（161）黄独 Dioscorea bulbifera L.
藤状，翅果，茎有棱。

（162）薯蓣 Dioscorea polystachya Turcz.

161a　161b

菝葜科 Smilacaceae：基三出脉，木质藤本，伞形花序，常有托叶鞘。如小果菝葜、肖菝葜。

（163）小果菝葜 *Smilax davidiana* A. DC. （164）肖菝葜 *Heterosmilax japonica* Kunth

大戟科 Euphorbiaceae：如血桐、野桐、中平树。

（165）血桐 *Macaranga tanarius*（L.）Muell. Arg.
基出脉掌状，侧脉网结成蜘蛛状。

防己科 Menispermaceae：盾状着生，或弧形脉不达先端。如轮环藤、毛叶轮环藤、细圆藤。

（166）粪箕笃 *Stephania longa* Lour. （167）粉叶轮环藤 *Cyclea hypoglauca*（Schauer）Diels （168）四川轮环藤 *Cyclea sutchuenensis* Gagnep.

葡萄科 Vitaceae：如粤蛇葡萄、小果葡萄。

（169）粤蛇葡萄 *Ampelopsis cantoniensis* (Hook. et Arn.) Planch.

近圆形，基出脉不达先端。

葫芦科（Cucurbitaceae）：栝楼。

（170）全缘栝楼 *Trichosanthes pilosa* Wall.

有卷须，不达先端。

其他弧形脉植物如樟科：鸭公树、华南桂，不达先端；豆科：龙须藤、红茸毛羊蹄甲，不达先端。

● **具特殊叶脉，或密脉序，或网脉清晰**

密序脉：如横经席、线齿木（辛木）、柊叶（竹芋科）、银杏。

（171）横经席 *Calophyllum membranaceum* Gardn. et Champ.

（172）银杏 *Ginkgo biloba* L.

有密的二叉脉序。

网脉清晰：如紫玉盘；紫玉盘柯、烟斗柯、罗浮栲；络石；瓜馥木、白背瓜馥木、香港瓜馥木；橄榄、华南桂；网脉酸藤子；多花勾儿茶。

（173）紫玉盘 *Uvaria macrophylla* Roxb.

（174）瓜馥木 *Fissistigma oldhamii* (Hemsl.) Merr.

（175）络石 *Trachelospermum jasminoides* (Lindl.) Lem.

（176）多花勾儿茶 *Berchemia floribunda* (Wall.) Brongn.

脉半透明状、侧脉多：如桃叶石楠、牛白藤、华山姜、襄荷、山菅兰（百合科）。

（177）牛白藤 *Hedyotis hedyotidea* (DC.) Merr.

（178）山菅兰 *Dianella ensifolia* (L.) DC.

2.2 地理学辨识

植物地理学（phytogeography）是研究植物在地球表面的分布及其分布规律的学科。植物地理学研究的对象主要是针对植物区系（flora）。植物区系是指某一特定地区或区域生长着的全部植物种类，是植物科、属、种在历史演化发展过程中形成的自然综合体。特定地区或区域可以是自然地理区，也可以是行政区域，例如，大洲、大洋、山脉、河流、湖泊，或国家、省、市、县及其他局部地区。在自然地理区划上，前苏联植物学家他赫他间（Takhtajan）认为中国以及东亚均属于北半球泛北极植物区，雷州半岛以南包括海南省属于古热带植物区；雷州半岛以北、广东省大部至广义南岭，包括深圳地区在内，属于华南地区。特殊的区域如香港特别行政区、澳门特别行政区，在自然地理区上与广东省是一体的。

地理学辨识包括多方面的概念，一是由下而上，分类学和分类群的基本单位——物种，全部个体在地理区域空间的分布形成一个独立的区域，或者一个发散的区域，这与物种的分类地位以及迁移、演化过程密切相关。二是由上而下，分类学较高的等级单元如科在历史的演化、迁移的过程中，通过分化、散布形成了一个相对清晰的分布区域。从而，在地理空间上留下了深深的烙印，受现代地理环境的影响，形成了一定的地理分布区格局。在此，参考吴征镒（1991，1993，2006）种子植物区系属的分布区类型加以划分，示例如下。

T1. 世界分布。广布于世界各大洲而没有特殊分布中心。中国有107属。

铁线莲属 Clematis（毛茛科 Ranunculaceae）
（179） 厚叶铁线莲 Clematis crassifolia Benth.

蔊菜属 Rorippa（十字花科 Cruciferae）
（180） 蔊菜 Rorippa indica (L.) Hiern.

堇菜属 Viola（堇菜科 Violaceae）
（181） 堇菜 Viola arcuata Blume

远志属 Polygala（远志科 Polygalaceae）
（182） 黄花倒水莲 Polygala fallax Hemsl.

繁缕属 Stellaria（石竹科 Caryophyllaceae）
（183） 繁缕 Stellaria media (L.) Vill.

蓼属 Polygonum（蓼科 Polygonaceae）
（184） 杠板归 Polygonum perfoliatum L.

商陆属 Phytolacca（商陆科 Phytolaccaceae）
（185） 商陆 Phytolacca acinosa Roxb.

碱蓬属 Suaeda（藜科 Chenopodiaceae）
（186） 南方碱蓬 Suaeda australis (R. Br.) Moq.

酢浆草属 Oxalis（酢浆草科 Oxalidaceae）

（187）红花酢浆草 *Oxalis corymbosa* DC.

狐尾藻属 *Myriophyllum*（小二仙草科 Haloragidaceae）

（188）穗状狐尾藻 *Myriophyllum spicatum* L.

悬钩子属 *Rubus*（蔷薇科 Rosaceae）

（189）空心泡 *Rubus rosaefolius* Smith

（190）锈毛莓 *Rubus reflexus* Ker.

T2. 泛热带分布。 分布于东、西两半球热带地区，亦常向亚热带、温带扩散。中国有357属。

琼楠属 *Beilschmiedia*（樟科 Lauraceae）

（191）广东琼楠 *Beilschmiedia fordii* Dunn

厚壳桂属 *Cryptocarya*（樟科 Lauraceae）

（192）黄果厚壳桂 *Cryptocarya concinna* Hance

柞木属 *Xylosma*（刺篱木科 Flacourtiaceae）

（193）长叶柞木 *Xylosma longifolium* Clos

锡叶藤属 Tetracera（五桠果科 Dilleniaceae）
(194) 锡叶藤 Tetracera sarmentosa (L.) Vahl.

槌果藤属 Capparis（山柑科 Capparaceae）
(195) 广州槌果藤 Capparis cantoniensis Lour.

草胡椒属 Peperomia（胡椒科 Piperaceae）
(196) 草胡椒 Peperomia pellucida (L.) Kunth

胡椒属 Piper（胡椒科 Piperaceae）
(197) 华南胡椒 Piper austrosinense Tseng

马齿苋属 Portulaca（马齿苋科 Portulacaceae）
(198) 马齿苋 Portulaca oleracea L.

凤仙花属 Impatiens（凤仙花科 Balsaminaceae）
(199) 华凤仙 Impatiens chinensis L.

莲子草属 Alternanthera（苋科 Amaranthaceae）
(200) 线叶虾钳菜 Alternanthera sessilis (L.) R. Br. ex DC.

马兜铃属 Aristolochia（马兜铃科 Aristolochiaceae）
(201) 耳叶马兜铃 Aristolochia tagala Champ.

丁香蓼属 *Ludwigia*（柳叶菜科 Onagraceae）

（202）毛草龙 *Ludwigia octovalvis* (Jacq.) Raven

嘉赐树属 *Casearia*（天料木科 Samydaceae）

（203）毛叶嘉赐树 *Casearia velutina* Bl.

天料木属 *Homalium*（天料木科 Samydaceae）

（204）天料木 *Homalium cochinchinense* (Lour.) Druce

T2-1. 热带亚洲、大洋洲（至新西兰）和中、南美洲（或墨西哥）间断分布亚型。中国有21属。

小二仙草属 *Haloragis*（小二仙草科 Haloragidaceae）

（205）黄花小二仙草 *Haloragis chinensis* (Lour.) Merr.

半边莲属 *Lobelia*（半边莲科 Lobeliaceae）

（206）铜锤玉带草 *Lobelia angulata* Forst.

莎草属 *Gahnia*（莎草科 Cyperaceae）

（207）黑莎草 *Gahnia tristis* Nees

龙珠果属 *Passiflora*（西番莲科 Passifloraceae）
（208）龙珠果 *Passiflora foetida* L.

石胡荽属 *Centipeda*（菊科 Compositae）
（209）石胡荽 *Centipeda minima*（L.）A. Br. et Aschers.

T2－2. 热带亚洲、非洲和中、南美洲间断分布亚型。中国有32属。

雾水葛属 *Pouzolzia*（荨麻科 Urticaceae）
（210）雾水葛 *Pouzolzia zeylanica*（L.）Benn.

桂樱属 *Laurocerasus*（蔷薇科 Rosaceae）
（211）腺叶桂樱 *Laurocerasus phaeosticta*（Hance）Schneid.

土人参属 *Talinum*（马齿苋科 Portulacaceae）
（212）土人参 *Talinum paniculatum*（Jacq.）Gaertn

含羞草属 *Mimosa*（含羞草科 Mimosaceae）
（213）含羞草 *Mimosa pudica* L.

粗叶木属 *Lasianthus*（茜草科 Rubiaceae）
（214）粗叶木 *Lasianthus chinensis*（Champ.）Benth.

43

猴欢喜属 Sloanea（杜英科 Elaeocarpaceae）　　　**无患子属 Sapindus**（无患子科 Sapindaceae）

（215）猴欢喜 *Sloanea sinensis* (Hance) Hemsl.　　（216）无患子 *Sapindus saponaria* L.

T3. 热带亚洲和热带美洲间断分布。 主产于热带亚洲和热带美洲，在亚洲可能延伸到澳大利亚东北部和西南太平洋岛屿。中国有 78 属。

木姜子属 Litsea（樟科 Lauraceae）

（217）假柿木姜子 *Litsea monopetala* (Roxb.) Pers.　　（218）山苍子 *Litsea cubeba* (Lour.) Pers.

柃属 Eurya（山茶科 Theaceae）

（219）耳叶柃 *Eurya auriformis* H. T. Chang　　（220）米碎花 *Eurya chinensis* R. Br.

柃属 *Eurya*（山茶科 Theaceae）
（221）二列叶柃 *Eurya distichophylla* Hemsl.

水东哥属 *Saurauia*（猕猴桃科 Actinidiaceae）
（222）水东哥 *Saurauia tristyla* DC.

山香圆属 *Turpinia*（省沽油科 Staphyleaceae）
（223）锐尖山香圆 *Turpinia arguta*（Lindl.）Seem.

野甘草属 *Scoparia*（玄参科 Scrophulariaceae）
（224）野甘草 *Scoparia dulcis* L.

假马鞭属 *Stachytarpheta*（马鞭草科 Verbenaceae）
（225）假马鞭 *Stachytarpheta jamaicensis*（L.）Vahl

T4. 旧世界热带分布。 分布在亚洲、非洲和大洋洲热带地区及其邻近岛屿。中国有150属。

瓜馥木属 *Fissistigma*（番荔枝科 Annonaceae）
（226）瓜馥木 *Fissistigma oldhamii*（Hemsl.）Merr.

紫玉盘属 *Uvaria*（番荔枝科 Annonaceae）
（227）紫玉盘 *Uvaria macrophylla* Roxb.

无根藤属 *Cassytha* （樟科 Lauraceae）
（228） 无根藤 *Cassytha filiformis* L.

地不容属 *Stephania* （防己科 Menispermaceae）
（229） 金线吊乌龟 *Stephania cepharantha* Hayata

酸藤子属 *Embelia* （紫金牛科 Myrsinaceae）
（230） 当归藤 *Embelia parviflora* Wall. ex A. DC.

蒲桃属 *Syzygium* （桃金娘科 Myrtaceae）
（231） 赤楠蒲桃 *Syzygium buxifolium* Hook. et Arn.

木榄属 *Bruguiera* （红树科 Rhizophoraceae）
（232） 木榄 *Bruguiera gymnorrhiza* (L.) Lam.

竹节树属 *Carallia* （红树科 Rhizophoraceae）
（233） 竹节树 *Carallia brachiata* (Lour.) Merr.

血桐属 *Macaranga* （大戟科 Euphorbiaceae）
（234） 血桐 *Macaranga tanarius* (L.) Muell. Arg.

五月茶属 *Antidesma* （大戟科 Euphorbiaceae）
（235） 黄毛五月茶 *Antidesma fordii* Hemsl.

翼核果属 Ventilago（鼠李科 Rhamnaceae）
（236）翼核果 Ventilago leiocarpa Benth.

橄榄属 Canarium（橄榄科 Burseraceae）
（237）橄榄 Canarium album (Lour.) DC.

三桠苦属 Melicope（芸香科 Rutaceae）
（238）三桠苦 Melicope pteleifolia (Champ. ex Benth.) Hartley

厚壳树属 Ehretia（紫草科 Boraginaceae）
（239）长花厚壳树 Ehretia longiflora Champ. ex Benth.

玉叶金花属 Mussaenda（茜草科 Rubiaceae）
（240）玉叶金花 Mussaenda pubescens Dryand.

山姜属 Alpinia（姜科 Zingiberaceae）
（241）华山姜 Alpinia oblongifolia Hayata

省藤属 Calamus（棕榈科 Palmae）
（242）华南省藤 Calamus rhabdocladus Burret

露兜树属 Pandanus（露兜树科 Pandanaceae）
（243）簕古子 Pandanus kaida Kurz.

T4-1. 热带亚洲、非洲（或东非、马达加斯加）和大洋洲间断分布亚型。中国有27属。

匙羹藤属 Gymnema（萝藦科 Asclepiadaceae）

(244) 匙羹藤 Gymnema sylvestre (Retr.) Schult.

乌口树属 Tarenna（茜草科 Rubiaceae）

(245) 白花苦灯笼（密毛乌口树）Tarenna mollissima (Walp.) Rob.

茜树属 Aidia（茜草科 Rubiaceae）

(246) 茜树 Aidia cochinchinensis Lour.

T5. 热带亚洲至热带大洋洲分布。向西可达马达加斯加，但不到非洲。中国有154属。

假鹰爪属 Desmos（番荔枝科 Annonaceae）

(247) 假鹰爪 Desmos chinensis Lour.

拓树属 Maclura（桑科 Moraceae）

(248) 葨芝 Maclura cochinchinensis (Lour.) Corner

樟属 Cinnamomum（樟科 Lauraceae）

(249) 黄樟 Cinnamomum parthenoxylon (Jack) Meissn.

了哥王属 Wikstroemia（瑞香科 Thymelaeaceae）

(250) 了哥王 Wikstroemia indica (L.) C. A. Mey.

岗稔属 *Baeckea*（桃金娘科 Myrtaceae）
（251）岗松 *Baeckea frutescens* L.

蒲桃属 *Syzygium*（桃金娘科 Myrtaceae）
（252）水翁蒲桃 *Syzygium nervosum* DC.

桃金娘属 *Rhodomyrtus*（桃金娘科 Myrtaceae）
（253）桃金娘 *Rhodomyrtus tomentosa* (Ait.) Hassk.

野牡丹属 *Melastoma*（野牡丹科 Melastomataceae）
（254）野牡丹 *Melastoma malabathricum* L.

莎萝莽属 *Salomonia*（远志科 Polygalaceae）
（255）莎萝莽 *Salomonia cantoniensis* Lour.

T5－1. 中国（西南）亚热带和新西兰间断分布亚型。中国有2属，如梁王茶属（*Nothopanax*）。

T6. 热带亚洲至热带非洲间断分布。 为旧世界热带分布的西翼，从热带非洲至印度—马来西亚（特别是西马来西亚），偶至斐济等南太平洋岛，但不见于澳大利亚大陆。中国有145属。

山竹子属 *Garcinia*（藤黄科 Guttiferae）
（256）岭南山竹子 *Garcinia oblongifolia* Champ. ex Benth.

密花树属 *Myrsine*（紫金牛科 Myrsinaceae）
（257）密花树 *Myrsine seguinii* H. Lévl.

土蜜树属 Bridelia（大戟科 Euphorbiaceae）
(258) 土蜜树 *Bridelia tomentosa* Bl.

飞龙掌血属 Toddalia（芸香科 Rutaceae）
(259) 飞龙掌血 *Toddalia asiatica* (L.) Lam.

水团花属 Adina（茜草科 Rubiaceae）
(260) 水团花 *Adina pilulifera* (Lam.) Franch. ex Drake

芒属 Miscanthus（禾本科 Gramineae）
(261) 五节芒 *Miscanthus floridulus* (Lab.) Warb. ex Schum. et Laut.

T6-1. 华南、西南到印度和热带非洲间断分布亚型。中国有6属。如南山藤属（*Dregea*）等。

T6-2. 热带亚洲、东非和热带非洲间断分布亚型。中国有8属。

杨桐属 Adinandra（山茶科 Theaceae）
(262) 杨桐 *Adinandra millettii* (Hook. et Arn.) Benth. et Hook. f. ex Hance

山石榴属 Catunaregam（茜草科 Rubiaceae）
(263) 山石榴 *Catunaregam spinosa* (Thunb.) Tirveng.

马蓝属 Strobilanthes（爵床科 Acanthaceae）

(264) 曲枝假蓝 *Strobilanthes dalzielii* (W. W. Sm.) Benoist

(265) 板蓝（马蓝）*Strobilanthes cusia* (Nees) Kuntze

T7. 热带亚洲（印度、马来西亚）分布。 包括印度、斯里兰卡、缅甸、泰国、中南半岛、印度尼西亚、加里曼丹、菲律宾、新几内亚等，但不到澳大利亚，北缘至中国西南、华南、台湾。中国有460属。

含笑属 Michelia（木兰科 Magnoliaceae）

(266) 含笑 *Michelia figo* (Lour.) Spreng.

(267) 深山含笑 *Michelia maudiae* Dunn

润楠属 Machilus（樟科 Lauraceae）

五列木属 Pentaphylax（五列木科 Pentaphylacaceae）

(268) 黄绒润楠 *Machilus grijsii* Hance

(269) 五列木 *Pentaphylax euryoides* Gardn. et Champ.

柏拉木属 Blastus（野牡丹科 Melastomataceae）

（270）柏拉木 *Blastus cochinchinensis* Lour.

海岛藤属 Gymnanthera（萝藦科 Asclepiadaceae）

（271）海岛藤 *Gymnanthera oblonga* (Burm. f.) P. S. Green

青冈属 Cyclobalanopsis（壳斗科 Fagaceae）

（272）福建青冈 *Cyclobalanopsis chungii* (Metc.) Y. C. Hsu et H. W. Jen ex Q. F. Zhang

（273）青冈 *Cyclobalanopsis glauca* (Thunb.) Oerst.

芒毛苣苔属 Aeschynanthus（苦苣苔科 Gesneriaceae）

（274）芒毛苣苔 *Aeschynanthus acuminatus* Wall. ex A. P. DC.

竹叶兰属 Arundina（兰科 Orchidaceae）

（275）竹叶兰 *Arundina graminifolia* (D. Don) Hochr.

淡竹叶属 Lophatherum（禾本科 Gramineae）　　棕叶芦属 Thysanolaena（禾本科 Gramineae）

（276）淡竹叶 Lophatherum gracile Brongn.　　（277）棕叶芦 Thysanolaena latifolia（Roxb. ex Hornem.）Honda

T7–1. 爪哇（或苏门答腊）、喜马拉雅至我国华南、西南星散分布亚型。中国有31属。

阿丁枫属 Altingia（金缕梅科 Hamamelidaceae）　　荷木属 Schima（山茶科 Theaceae）

（278）阿丁枫 Altingia chinensis（Champ.）Oliv. ex Hance　　（279）荷木 Schima superba Gardn. et Champ.

梭罗属 Reevesia（梧桐科 Sterculiaceae）　　秋枫属 Bischofia（大戟科 Euphorbiaceae）

（280）两广梭罗 Reevesia thyrsoidea Lindl.　　（281）秋枫 Bischofia javanica Bl.

假糙苏属 Paraphlomis（唇形花科 Labiatae）

（282）狭叶假糙苏 Paraphlomis javanica（Bl.）Prain var. angustifolia（C. Y. Wu）C. Y. Wu et H. W. Li

T7-2. 热带印度至我国华南（尤其云南南部）分布亚型。中国有53属。

排钱草属 *Phyllodium*（蝶形花科 Papilionaceae）

（283）排钱草 *Phyllodium pulchellum*（L.）Desv.

幌伞枫属 *Heteropanax*（五加科 Araliaceae）

（284）幌伞枫 *Heteropanax fragrans*（Roxb.）Seem.

T7-3. 缅甸、泰国至我国华南分布亚型。中国有36属。

短筒苣苔属 *Boeica*（苦苣苔科 Gesneriaceae）

（285）紫花短筒苣苔 *Boeica guileana* Burtt

T7-4. 越南（或中南半岛）至我国华南（或西南）分布亚型。中国有66属。

秀柱花属 *Eustigma*（金缕梅科 Hamamelidaceae）

（286）秀柱花 *Eustigma oblongifolium* Gardn. et Champ.

铁榄属 *Sinosideroxylon*（山榄科 Sapotaceae）

（287）革叶铁榄 *Sinosideroxylon wightianum*（Hook. et Arn.）Aubrn

天星藤属 *Graphistemma* （萝藦科 Asclepiadaceae）

（288）天星藤 *Graphistemma pictum* (Champ.) Benth. et HK. f. ex Maxim.

香楠属 *Alleizettella* （茜草科 Rubiaceae）

（289）白果香楠 *Alleizettella leucocarpa* (Champ. ex Benth.) Tirvenz

T8. 北温带分布。 主产于欧洲、亚洲和北美洲温带地区，部分可延至热带山区，甚至南半球热带。中国有193属。此外，还有若干亚型，包括：T8-1，环极，9属；T8-2，北极—高山，16属；T8-3，北极—阿尔泰和北美洲间断，2属；T8-4，北温带和南温带间断，78属；T8-5，欧洲、亚洲和南美洲温带间断，8属；T8-6，地中海区、东亚、新西兰和墨西哥到智利间断，1属。

杜鹃花属 *Rhododendron* （杜鹃花科 Ericaceae）

（290）毛棉杜鹃 *Rhododendron moulmainense* Hook. f.

蔷薇属 *Rosa* （蔷薇科 Rosaceae）

（291）金樱子 *Rosa laevigata* Michx

槭树属 *Acer* （槭树科 Aceraceae）

（292）滨海槭 *Acer sino-oblongum* Metc.

盐肤木属 *Rhus* （漆树科 Anacardiaceae）

（293）盐肤木 *Rhus chinensis* Mill.

55

忍冬属 Lonicera（忍冬科 Caprifoliaceae）
（294） 华南忍冬 *Lonicera confusa* (Sweet) DC.

荚蒾属 Viburnum（忍冬科 Caprifoliaceae）
（295） 珊瑚树 *Viburnum odoratissimum* Ker-Gawl.

菖蒲属 Acorus（菖蒲科 Acoraceae）
（296） 石菖蒲 *Acorus gramineus* Sol. ex Aiton

玉凤花属 Habenaria（兰科 Orchidaceae）
（297） 橙黄玉凤花 *Habenaria rhodocheila* Hance

T8-4. 北温带和南温带间断分布，又称全温带分布，南温带可包括澳大利亚、南非洲、南美洲或其一，等等。中国有78属。

杨梅属 Myrica（杨梅科 Myricaceae）
（298） 杨梅 *Myrica rubra* (Lour.) Sieb. et Zucc.

婆婆纳属 Veronica（玄参科 Scrophulariaceae）
（299） 阿拉伯婆婆纳 *Veronica persica* Poir.

乌饭树属 Vaccinium（杜鹃花科 Ericaceae）
（300）乌饭树 Vaccinium bracteatum Thunb.

接骨草属 Sambucus（忍冬科 Caprifoliaceae）
（301）接骨草 Sambucus javanica Reinw. ex Blume

景天属 Sedum（景天科 Crassulaceae）
（302）佛甲草 Sedum lineare Thunb.

T8-5. 欧洲、亚洲和南美洲温带间断，主产于欧亚大陆与南美洲。中国有8属。

看麦娘属 Alopecurus（禾本科 Gramineae）
（303）看麦娘 Alopecurus aequalis Sobol.

T9. 东亚和北美洲间断分布。北美洲包括北美洲温带和亚热带地区。中国有122属。

八角属 Illicium（八角科 Illiciaceae）
（304）厚皮香八角 Illicium ternstroemioides A. C. Smith

山胡椒属 Lindera（樟科 Lauraceae）
（305）绒毛山胡椒 Lindera nacusua（D. Don）Merr.

枫香属 Liquidambar（金缕梅科 Hamamelidaceae）
（306） 枫香 Liquidambar formosana Hance

鼠刺属 Itea（茶藨子科 Grossulariaceae）
（307） 鼠刺 Itea chinensis Hook. et Arn.

锥属 Castanopsis（壳斗科 Fagaceae）
（308） 黧蒴 Castanopsis fissa（Champ. ex Benth.）Rehd. et Wils

柯属 Lithocarpus（壳斗科 Fagaceae）
（309） 稠（柯）Lithocarpus glaber（Thunb.）Nakai

勾儿茶属 Berchemia（鼠李科 Rhamnaceae）
（310） 多花勾儿茶 Berchemia floribunda（Wall.）Brongn.

楤木属 Aralia（五加科 Araliaceae）
（311） 黄毛楤木 Aralia decaisneana Hance

断肠草属 Gelsemium（马钱科 Loganiaceae）
（312） 大茶药（断肠草）Gelsemium elegans（Gardn. et Champ.）Benth.

南烛属 Lyonia（杜鹃花科 Ericaceae）
（313） 珍珠花 Lyonia ovalifolia（Wall.）Drude

T9-1. 东亚和墨西哥间断分布亚型，可延至巴拿马和西印度群岛。中国有2属。

石楠属 Photinia（蔷薇科 Rosaceae）

（314） 闽粤石楠 *Photinia benthamiana* Hance

T10. 旧世界温带分布。欧洲、亚洲的中—高纬度温带和寒温带，到达亚洲—非洲热带甚至澳大利亚。中国有119属。

鹅肠菜属 Myosoton（石竹科 Caryophyllaceae）

（315） 鹅肠菜 *Myosoton aquaticum* (L.) Moench

梨属 Pyrus（蔷薇科 Rosaceae）

（316） 豆梨 *Pyrus calleryana* Dcne.

筋骨草属 Ajuga（唇形花科 Labiatae）

（317） 金疮小草 *Ajuga decumbens* Thunb.

益母草属 Leonurus（唇形花科 Labiatae）

（318） 益母草 *Leonurus japonicus* Houtt.

野菊属 Chrysanthemum（菊科 Compositae）

（319） 野菊 *Chrysanthemum indicum* L.

羊耳菊属 Inula（菊科 Compositae）

（320） 羊耳菊 *Inula cappa* (Buch.-Ham.) DC.

T10 – 1. 地中海、西亚（或中亚）和东亚间断分布亚型。中国有 30 属。

铜钱树属 *Paliurus*（鼠李科 Rhamnaceae）　　**女贞属** *Ligustrum*（木犀科 Oleaceae）
（321）马甲子 *Paliurus ramosissimus* (Lour.) Poir.　（322）小蜡 *Ligustrum sinense* Lour.

T10 – 2. 地中海和喜马拉雅间断分布亚型，个别到达印度尼西亚或爪哇。中国有 7 属。

萝藦属 *Cynanchum*（萝藦科 Asclepiadaceae）
（323）牛皮消 *Cynanchum auriculatum* Royle ex Wight

T10 – 3. 欧洲、亚洲和南部非洲（有时也在大洋洲）间断分布亚型。中国有 18 属。

T11. 温带亚洲分布。主产于南俄罗斯至东西伯利亚和亚洲东北部，南部界限至喜马拉雅、中国西南、华北至东北，朝鲜和日本北部，个别至亚热带，甚至亚洲热带。中国有 64 属。

马兰属 *Kalimeris*（菊科 Compositae）
（324）马兰 *Kalimeris indica* (L.) Sch. -Bip.

T12. 地中海区、西亚至中亚分布。133 属。另有 5 个亚型：T12 – 1，地中海区至中亚和南非洲、大洋洲间断，7 属；T12 – 2，地中海区至中亚和墨西哥间断，2 属；T12 – 3，地中海区至温带、热带亚洲、大洋洲和南美洲间断，7 属；T12 – 4，地中海区至热带非洲和喜马拉雅间断，6 属；T12 – 5，地中海区—北非洲、中亚、北美西南部、智利和大洋洲（泛地中海）间断，4 属。深圳地区未见。

T13. 中亚分布。73 属。另有 5 个亚型：T13 – 1，中亚东部（或亚洲中部），14 属；T13 – 2，中亚至喜马拉雅和我国西南，28 属；T13 – 3，西亚至喜马拉雅和我国西藏，3 属；T13 – 4，中亚至喜马拉雅、阿尔泰和太平洋北美间断，4 属；T13 – 5，中亚至我国华北及华东，1 属。深圳地区未见。

T14. 东亚（东喜马拉雅—日本）分布。从东喜马拉雅至日本，东北至俄罗斯萨哈林以南，西南至越南北部、喜马拉雅东部，向南至菲律宾、苏门答腊、爪哇一带，向西北以北部各类森林为界。中国有75属。

檵木属 *Loropetalum* （金缕梅科 Hamamelidaceae）
（325） 檵木 *Loropetalum chinense* (R. Br.) Oliv.

鱼腥草属 *Houttuynia* （三白草科 Saururaceae）
（326） 蕺菜 *Houttuynia cordata* Thunb.

猕猴桃属 *Actinidia* （猕猴桃科 Actinidiaceae）
（327） 黄毛猕猴桃 *Actinidia fulvicoma* Hance

吊钟花属 *Enkianthus* （杜鹃花科 Ericaceae）
（328） 吊钟花 *Enkianthus quinqueflorus* Lour.

枇杷属 *Eriobotrya* （蔷薇科 Rosaceae）
（329） 大花枇杷 *Eriobotrya cavaleriei* (Lévl.) Rehd.

石斑木属 *Rhaphiolepis* （蔷薇科 Rosaceae）
（330） 石斑木 *Rhaphiolepis indica* (L.) Lindl.

桃叶珊瑚属 *Aucuba* （山茱萸科 Cornaceae）
（331） 桃叶珊瑚 *Aucuba chinensis* Benth.

五加属 Acanthopanax（五加科 Araliaceae）

（332）白簕花 Acanthopanax trifoliatus（L.）S. Y. Hu

斑种草属 Bothriospermum（紫草科 Boraginaceae）

（333）柔弱斑种草 Bothriospermum zeylanicum（J. Jacq.）Druce

土麦冬属 Liriope（百合科 Liliaceae）

（334）土麦冬 Liriope spicata（Thunb.）Lour.

T14－1. 中国—喜马拉雅分布亚型。我国秦岭、华东至台湾一带以西，不至日本。中国有142属。

冠盖藤属 Pileostegia（绣球花科 Hydrangeaceae）

（335）冠盖藤 Pileostegia viburnoides Hook. f. et Thoms.

双蝴蝶属 Tripterospermum（龙胆科 Gentianaceae）

（336）香港双蝴蝶 Tripterospermum nienkui（Marq.）C. J. Wu

T14－2. 中国—日本分布亚型。中国川、滇金沙江河谷一线以东，不至喜马拉雅。中国有100属。

野鸦椿属 Euscaphis（省沽油科 Staphyleaceae）

（337）野鸦椿 Euscaphis japonica（Thunb.）Kanitz

T15. 中国特有分布。 以中国西南、华中—华东、华南、华北、西北为中心，边界可稍稍超出国境线不远。中国有 251 属。

多核果属 *Pyrenaria*（山茶科 Theaceae）

（338）石笔木 *Pyrenaria spectabilis* (Champ.) C. Y. Wu et S. X. Yang ex S. X. Yang

棱果花属 *Barthea*（野牡丹科 Melastomataceae）

（339）棱果花 *Barthea barthei* (Hance ex Benth.) Krass.

双片苣苔属 *Didymostigma*（苦苣苔科 Gesneriaceae）

（340）双片苣苔 *Didymostigma obtusum* (Clarke) W. T. Wang

马铃苣苔属 *Oreocharis*（苦苣苔科 Gesneriaceae）

（341）石上莲 *Oreocharis benthamii* Clarke var. *reticulata* Dunn

大血藤属 *Sargentodoxa*（大血藤科 Sargentodoxaceae）

（342）大血藤 *Sargentodoxa cuneata* (Oliv.) Rehd. et Wils.

342

2.3 生态学辨识

生态学（ecology）是研究生物与环境之间相互关系及其作用机理的学科。生物体在长期的演化过程中，逐渐形成对周围环境的适应，包括对"气候、光照、热量、水分、无机盐类"等均具有特定的需求，即任一物种对一定生境、生态因子条件的适应性，就形成了特定的生态成分。生态学特征也反映了物种的地带性分布，其明显地受到水、热环境的支配。同时，土壤、地质环境、古地理变迁也深刻地影响着生物的演化和分布。因此，综合自然地理学属性、生态学属性也是物种的本质特征。

2.3.1 红树林及海岸植物

热带及亚热带海岸带、滩涂地区，常生长着耐盐碱的木本植物，称为红树植物，其常常耐盐碱，喜光照，不耐寒冷。红树植物在生长过程中具有较陆生植物更高的凋落物量、更高的生产力，构成了一类特殊的红树林生态系统。

● 真红树

包括秋茄、桐花树、木榄、海桑、无瓣海桑、白骨壤、草海桐等，仅生长在海岸低潮带，耐盐碱，不能脱离海水环境。

（343） 秋茄 *Kandelia candel* (L.) Druce
（红树科 Rhizophoraceae）

343a

（344） 木榄 *Bruguiera gymnorrhiza* (L.) Lam.
（红树科 Rhizophoraceae）

343b

（345） 桐花树（蜡烛果）*Aegiceras corniculatum* (L.) Blanco
（紫金牛科 Myrsinaceae）

(346) 白骨壤（海榄雌）*Avicennia marina* (Forsk.) Vierh.

（马鞭草科 Verbenaceae）

(347) 海桑 *Sonneratia caseolaris* (L.) Engl.

（海桑科 Sonneratiaceae）

(348) 无瓣海桑 *Sonneratia apetala* Buch.-Ham.

（海桑科 Sonneratiaceae）

● 半红树

包括黄槿、银叶树、海漆、草海桐等，既能生长在海岸低潮带，也能生长在陆岸地区。

(349) 草海桐 *Scaevola taccada* (Gaertn.) Roxb.

（草海桐科 Goodeniaceae）

(350) 银叶树 *Heritiera littoralis* Dryand.

（梧桐科 Sterculiaceae）

(351) 黄槿 Hibiscus tiliaceus L.
（锦葵科 Malvaceae）

(352) 海漆 Excoecaria agallocha L.
（大戟科 Euphorbiaceae）

● 海滩红树植物

包括木麻黄、血桐、许树、海岛藤、单叶蔓荆、滨海月见草、海刀豆、鱼藤、厚藤等，主产于陆岸区域，亦能短期忍耐海水环境。

(353) 木麻黄 Casuarina equisetifolia L.
（木麻黄科 Casuarinaceae）

(354) 许树（苦郎树）Clerodendrum inerme (L.) Gaertn.
（马鞭草科 Verbenaceae）

(355) 单叶蔓荆 Vitex rotundifolia L. f.
（马鞭草科 Verbenaceae）

（356）血桐 *Macaranga tanarius* （L.） Muell. Arg.

（大戟科 Euphorbiaceae）

（357）滨海月见草 *Oenothera drummondii* Hook.

（大戟科 Euphorbiaceae）

（358）厚藤（马鞍藤）*Ipomoea pes-caprae* （L.） Sweet

（旋花科 Convolvulaceae）

（359）海岛藤 *Gymnanthera oblonga* （Burm. f.） P. S. Green

（萝藦科 Asclepiadaceae）

（360）海刀豆 *Canavalia rosea* （Sw.） DC.

（蝶形花科 Papilionaceae）

（361）鱼藤 *Derris trifoliata* Lour.

（蝶形花科 Papilionaceae）

2.3.2 沟谷热性成分

在南亚热带沟谷、低地、阴生岩壁环境，常生长着喜温、耐湿植物，形成特殊的沟谷季风雨林，或称为沟谷常绿阔叶林。

● 热性乔、灌木

如对叶榕、水东哥、常山、九节、罗伞树、华南省藤、蒲葵、芒毛苣苔等。

67

(362) 对叶榕 *Ficus hispida* L. f.
（桑科 Moraceae）

(363) 水东哥 *Saurauia tristyla* DC.
（猕猴桃科 Actinidiaceae）

(364) 常山 *Dichroa febrifuga* Lour.
（虎耳草科 Saxifragaceae）

(365) 九节 *Psychotria asiatica* L.
（茜草科 Rubiaceae）

(366) 罗伞树 *Ardisia quinquegona* Blume
（紫金牛科 Myrsinaceae）

● **热性蕨类植物**

如黑桫椤、福建观音座莲、长叶铁角蕨、华南紫萁、江南星蕨、崖姜等。

(367) 长叶铁角蕨 *Asplenium prolongatum* Hook.
（铁角蕨科 Aspleniaceae）

(368) 江南星蕨 *Microsorum fortunei* (T. Moore) Ching
（水龙骨科 Polypodiaceae）

(369) 崖姜 *Pseudodrynaria coronans* (Wall. ex Mett.) Ching
（槲蕨科 Drynariaceae）

● 热性林下植物

如兰科的见血青、石仙桃、长茎羊耳蒜，百合科的石菖蒲，以及马蓝、聚花草、假蒟、白接骨等。

(370) 马蓝 *Strobilanthes cusia* (Nees) Kuntze
（爵床科 Acanthaceae）

(371) 白接骨 *Asystasiella neesiana* (Wall.) Lindau
（爵床科 Acanthaceae）

(372) 假蒟 *Piper sarmentosum* Roxb.
（胡椒科 Piperaceae）

(373) 聚花草 *Floscopa scandens* Lour.
（鸭跖草科 Commelinaceae）

● **常绿阔叶林**

层间植物。如石柑子、扁担藤、藤槐、榼藤、白花油麻藤等。

(374) 石柑子 *Pothos chinensis* (Raf.) Merr.
（天南星科 Araceae）

(375) 藤槐 *Bowringia callicarpa* Champ. ex Benth.
（豆科 Fabaceae）

(376) 白花油麻藤 *Mucuna birdwoodiana* Tutch.
（豆科 Fabaceae）

2.3.3 寄生植物

有广寄生、檀香、蛇菰等。

(377) 广寄生 *Taxillus chinensis* (DC.) Danser
（桑寄生科 Loranthaceae）

（378）檀香 Santalum album L.

（檀香科 Santalaceae）

（379）蛇菰 Balanophora fungosa J. R. Forst. et G. Forst.

（蛇菰科 Balanophoraceae）

其他寄生植物如旋花科的原野菟丝子、日本菟丝子，列当科的野菰等。

2.3.4 山顶矮灌丛及旱生植物

有五节芒、桃金娘、岗松、芒萁、黑莎草、赤楠、大头茶等。

（380）芒萁 Dicranopteris pedata (Houtt.) Nakaike

（里白科 Gleicheniaceae）

（381）大头茶 Polyspora axillaris (Roxb. ex Ker Gawl.) Sweet

（山茶科 Theaceae）

（382）桃金娘 Rhodomyrtus tomentosa (Ait.) Hassk.

（桃金娘科 Myrtaceae）

（383）赤楠 Syzygium buxifolium Hook. et Arn.

（桃金娘科 Myrtaceae）

2.3.5 逸生种、归化种、入侵种、栽培种

● 逸生种

如马利筋、土人参、美洲商陆、青葙、毛草龙、滨海月见草、红毛草等。

（384） 美洲商陆 *Phytolacca americana* L.
（商陆科 Phytolaccaceae）

（385） 青葙 *Celosia argentea* L.
（苋科 Amaranthaceae）

● 归化种

如红毛草、马齿苋、滨海月见草等。

（386） 红毛草 *Melinis repens*（Willd.）Zizka
（禾本科 Poaceae）

（387） 滨海月见草 *Oenothera drummondii* Hook.
（柳叶菜科 Onagraceae）

● 入侵种

如薇甘菊、假臭草、簕仔树、五爪金龙、马缨丹、空心莲子草、水浮莲等。

（388） 薇甘菊 *Mikania micrantha* B. H. K.
（菊科 Compositae）

（389） 簕仔树 *Mimosa bimucronata*（DC.）Kuntze
（豆科 Fabaceae）

(390) 空心莲子草 Alternanthera philoxeroides (Mart.) Griseb.

（苋科 Amaranthaceae）

(391) 假臭草 Praxelis clematidea (Griseb.) R. M. King et H. Rob.

（菊科 Compositae）

(392) 五爪金龙 Ipomoea cairica (L.) Sweet

（旋花科 Convolvulaceae）

● 栽培种

如台湾相思、木棉、荷花玉兰、大花紫薇、串钱柳、大叶桉、黄槐、阳桃、木菠萝、杧果、木麻黄、红花夹竹桃等。

(393) 台湾相思 Acacia confusa Merr.

（豆科 Fabaceae）

(394) 大花紫薇 Lagerstroemia speciosa (L.) Pers.

（千屈菜科 Lythraceae）

2.4　资源学辨识

植物资源学（plant resources）是研究自然界资源植物（resource plants）的分布、数量、用途及其开发的科学。资源植物是指具有开发利用潜力，正在被利用或者尚未被完整（或定向）开发而形成有商品价值的植物。植物资源学是一门新兴的边缘科学，是植物学向应用领域的拓展，并且与植物化学、中药学、生理生化等多学科交叉渗透，具体方法是应用现代科学技术、基础理论和方法研究植物资源的种类、分布、用途、品质、储量、利用方法、产品开发和资源保护与可持续利用等方面。

● **药用植物**

如阿丁枫、何首乌、胖大海、广藿香等。

(395) 阿丁枫 *Altingia chinensis* (Champ.) Oliv. ex Hance

（金缕梅科 Hamamelidaceae）

● **观赏植物**

• 观花，如羊蹄甲、红花羊蹄甲、凤凰木、朱缨花、美丽异木棉、猫尾木等。

(396) 红花羊蹄甲 *Bauhinia blakeana* Dunn　　(397) 凤凰木 *Delonix regia* (Boj.) Raf.
　　（苏木科 Caesalpiniaceae）　　　　　　　　　　（苏木科 Caesalpiniaceae）

• 观叶，如枕果榕、九里香、金脉爵床、变叶木等。

(398) 九里香 *Murraya paniculata* (L.) Jack.

（芸香科 Rutaceae）

• 观果，如木菠萝、腊肠树、吊瓜树等。

(399) 木菠萝 *Artocarpus heterophyllus* Lam.

（桑科 Moraceae）

- 树形奇特，如大王椰子、蒲葵、幌伞枫、南洋楹、池杉、落羽杉等。

（400）池杉 *Taxodium distichum*（L.）Rich. var. *imbricatum*（Nutt.）Croom

（杉科 Taxodiaceae）

（401）落羽杉 *Taxodium distichum*（L.）Rich.

（杉科 Taxodiaceae）

● 有毒植物

如海杧果、马钱子、半夏、巴豆、钩吻（断肠草）、山橙、野漆树、鸦胆子、海芋、羊角坳、毒根斑鸠菊、毛果巴豆、土荆芥、苦楝、毒芹等。

（402）海杧果 *Cerbera manghas* L.

（夹竹桃科 Apocynaceae）

（403）山橙 *Melodinus suaveolens* Champ. ex Benth.

（夹竹桃科 Apocynaceae）

（404）土荆芥 *Dysphania ambrosioides*（L.）Mosyakin et Clemants

（藜科 Chenopodiaceae）

（405）鸦胆子 *Brucea javanica*（L.）Merr.

（苦木科 Simaroubaceae）

● **油脂植物**

如麻疯树、灯台树、重阳木、樟树、阴香、厚壳桂、润楠属、油茶、油桐、木油桐等。

（406）油茶 *Camellia oleifera* Abel.

（山茶科 Theaceae）

（407）油桐 *Vernicia fordii*（Hemsl.）Airy Shaw

（大戟科 Euphorbiaceae）

（408）木油桐 *Vernicia montana* Lour.

（大戟科 Euphorbiaceae）

● **野菜类植物**

如十字花科：荠菜、播娘蒿、薜菜，菊科：蒿子秆、苦荬菜、一点红、蒲公英、黄鹌菜、革命菜等。

（409）荠菜 *Capsella bursa-pastoris*（L.）Medic.

（十字花科 Cruciferae）

（410）革命菜 *Crassocephalum crepidioides*（Benth.）S. Moore

（菊科 Compositae）

此外，还有木棉花、辛夷花、仙人掌（花）、栀子花、洋槐花、榆钱、南瓜花等。

（411）栀子花 Gardenia jasminoides Ellis

（茜草科 Rubiaceae）

（412）仙人掌（花）Opuntia dillenii (Ker.-Gawl.) Haw.

（仙人掌科 Cactaceae）

其他野菜类植物如茄科：枸杞、龙葵；伞形科：水芹、鸭儿芹、变豆菜；蕨菜、鱼腥草、萱草、马齿苋、芋头梗、野荞麦；檫木、野鸦椿等。

● **园林绿化与背景林营造植物**

如枫香林、吊钟花林、杜英林、荷木林、香蒲桃林等，均为重要的乡土阔叶树种。

图2-1 樟树（Cinnamomum camphora）林　　图2-2 枫香（Liquidambar formosana）

2.5 国家珍稀濒危重点保护野生植物

国家珍稀濒危保护植物是指由国家、科研机构或环保组织提出的种群数量稀少，分布狭窄，存在生存危机，或具有重要科学或经济价值的各类有待加强保护的物种。包括中华人民共和国国务院公布的《野生动植物保护名录》（1999）、联合国教科文组织（IUCN）公布的物种红色名录、IUCN公布的中国物种红色名录、濒危野生动植物种国际贸易公约（CITES）保护名录、中国植物红皮书（1987）、中华人民共和国原国家林业部公布的《国家珍贵树种名录》（1992）、国家中医药管理局公布的《药用动植物资源保护名录》（1987）等。国务院公布的重点保护野生植物包括国家Ⅰ、Ⅱ级保护植物，IUCN以及国内科研机构和环保组织公布的保护植物常区分为极危种（critically endangered，CR）、濒危种（endangered，EN）、易危种（vulnerable，VU）、近危种（near threatened，NT）等。初步统计，广东省有各类珍稀濒危保护植物360种，深圳市有各类珍稀濒危保护植物61科117属164种，包括兰科植物88种。

（413）金毛狗 Cibotium barometz（L.）J. Sm.

（金毛狗科 Dicksoniaceae）

根状茎粗壮，密被锈黄色长茸毛；叶片广卵形，多回羽状分裂；孢子梨形，生于小脉顶部。常生于山谷溪边林下，海拔200～900 m。广泛分布于我国西南与华南一带；东南亚地区亦产。

（414）桫椤 Alsophila spinulosa（Wall. ex Hook.）Tryon

（桫椤科 Cyatheaceae）

（415）水蕨 Ceratopteris thalictroides（L.）Brongn.

（水蕨科 Parkeriaceae）

（416）苏铁蕨 Brainea insignis（Hook.）J. Sm.

（乌毛蕨科 Blechnaceae）

（417）仙湖苏铁 Cycas fairylakea D. Y. Wang

（苏铁科 Cycadaceae）

(418) 穗花杉 *Amentotaxus argotaenia* (Hance) Pilg.

（红豆杉科 Taxaceae）

孑遗种，为中国特有。常绿灌木或小乔木。叶披针形，直或微弯镰状，叶基部扭转成2列，叶下具白色气孔带。雄球花穗状。种子椭圆柱形。散生于阴湿山地林中，海拔300～900 m。分布于广东东部和南部一带，华中至华东地区亦见零星分布。

(419) 罗浮买麻藤 *Gnetum lofuense* C. Y. Cheng

（买麻藤科 Gnetaceae）

(420) 广东琼楠 *Beilschmiedia fordii* Dunn

（樟科 Lauraceae）

(421) 樟树 *Cinnamomum camphora* (L.) J. Presl

（樟科 Lauraceae）

(422) 黄樟 *Cinnamomum parthenoxylon* (Jack) Meissn.

（樟科 Lauraceae）

(423）香港凤仙花 Impatiens hongkongensis Grey-Wilson

（凤仙花科 Balsaminaceae）

(424）土沉香 Aquilaria sinensis (Lour.) Spreng.

（瑞香科 Thymelaeaceae）

(425）绞股蓝 Gynostemma pentaphyllum (Thunb.) Makino

（葫芦科 Cucurbitaceae）

(426）粘木 Ixonanthes reticulata Jack

（粘木科 Ixonanthaceae）

(427）韧荚红豆 Ormosia indurata L. Chen

（蝶形花科 Papilionaceae）

(428）白桂木 Artocarpus hypargyreus Hance ex Benth.

（桑科 Moraceae）

(429）纤花冬青 Ilex graciliflora Champ

（冬青科 Aquifoliaceae）

(430) 山橘 *Citrus japonica* Thunb.

（芸香科 Rutaceae）

(431) 龙眼 *Dimocarpus longan* Lour.

（无患子科 Sapindaceae）

(432) 海滨槭 *Acer sino-oblongum* Metc.

（槭树科 Aceraceae）

(433) 毛茶 *Antirhea chinensis* (Champ. ex Benth.) Forbes et Hemsl.

（茜草科 Rubiaceae）

(434) 紫花短筒苣苔 *Boeica guileana* Burtt

（苦苣苔科 Gesneriaceae）

(435) 芳香石豆兰 *Bulbophyllum ambrosia* (Hance) Schltr.

（兰科 Orchidaceae）

（注：李泽贤摄）

(436) 广东隔距兰 *Cleisostoma simondii* (Gagnep.) Seidenf. var. *guangdongense* Z. H. Tsi

（兰科 Orchidaceae）

436

81

（437）长茎羊耳蒜 Liparis viridiflora（Bl.）Lindl.

（兰科 Orchidaceae）

（438）见血青 Liparis nervosa（Thunb. ex A. Murray）Lindl.

（兰科 Orchidaceae）

（439）石仙桃 Pholidota chinensis Lindl.

（兰科 Orchidaceae）

（440）橙黄玉凤花 Habenaria rhodocheila Hance

（兰科 Orchidaceae）

（441）紫纹兜兰 Paphiopedilum purpuratum（Lindl.）Stein

（兰科 Orchidaceae）

（442）高斑叶兰 Goodyera procera（Ker-Gawl.）Hook.

（兰科 Orchidaceae）

（443）香港带唇兰 Tainia hongkongensis Rolfe

（兰科 Orchidaceae）

第 3 章　深圳大亚湾地区植物群落观察

深圳大亚湾地区地处北回归线以南，为南亚热带南缘，亚洲热带北缘，属于南亚热带海洋性季风气候区。优势及地带性植被为南亚热带低山常绿阔叶林。以大鹏半岛自然保护区为核心，该地区有维管植物 208 科 806 属 1 528 种。植物区系以热带、亚热带科属为主。本章主要介绍野外实习时需要观察的代表性群落，包括红树林群落和山地常绿阔叶林群落。

3.1　大鹏半岛红树林群落

红树林是热带、亚热带海岸浅水区特有的植物群落。真红树植物一般指专一性的在潮间带生长的木本植物。半红树植物指既能在潮间带生存，又能在陆岸环境中自然繁殖的两栖木本植物。大鹏半岛主要有 3 个红树林群落，分别为坝光古银叶树群落、东涌红树林群落以及坝光管理区内一片人工栽培的红树林群落。

3.1.1　坝光古银叶树群落

葵涌坝光管理区盐灶村的古银叶树群落具有悠久的历史。银叶树（*Heritiera littoralis*）林龄 100～500 年，是我国目前发现的最古老、现存面积最大、保存最完整的两片古银叶树群落之一（另一片是香港荔枝窝的银叶树林群落）（张宏达，1986）。

该片风水林群落面积约 5.3 hm^2，为银叶树单优群落，林冠层高 13～24 m，胸径 60～115 cm，板根发达。树龄为 300～500 年，长势尚好。山坡一侧风水林的林冠郁闭度 0.90，林下灌草层盖度 35%。乔木分 3 层，第一亚层 13～24 m，主要树种有：银叶树（见图 3－1）、假苹婆、亮叶猴耳环、阴香；第二亚层 8～13 m，主要以海杧果、鸭脚木、白木香、金叶树、红桂木、黄桐等占优势；第三亚层高 4～8 m。银叶树为半红树植物。对该片群落进行样地调查，在 1 200 m^2 的样地内，主要乔木有 26 种，木质藤本 8 种，共记录各类植物 52 种。重点保护植物 3 种，为白木香、樟树、金毛狗；地方重点保护种 6 种，为银叶树、金叶树、黄樟、红桂木、亮叶猴耳环、白花油麻藤。目前，该片红树林群落已被列入自然保护小区，隶属大鹏半岛自然保护区。在银叶树群落靠海一侧，分布着其他红树林群落，主要种类有木榄、白骨壤、秋茄、老鼠簕、卤蕨等。

图 3－1　坝光古银叶树（*Heritiera littoralis*）群落

3.1.2 东涌红树林群落

东涌分布的红树林面积约 20 hm^2，主要种类有海漆、秋茄、老鼠簕、白骨壤、木榄等，尤以内湖中央近 4 000 m^2 的红树林生长最为茂盛（见图 3-2）。

图 3-2　东涌红树林群落——海漆（*Excoecaria agallocha*）群落

3.1.3 人工栽培的红树林群落

在坝光管理区内有一片人工栽培的红树林群落。该片红树林群落栽培时间较短，群落内树木较为稀少，覆盖率仅 50%～65%，且树木比较矮小，群落整体高度 1.0～1.4 m。主要植物有秋茄、木榄等（见图 3-3）。

图 3-3　人工栽培的红树林群落

3.2 大鹏半岛海岸山地常绿林

大鹏半岛自然保护区的自然植被主要为天然的次生常绿阔叶林，局部山地如坪埔村附近的山坡还保存着较为完好的原生植被。主要植被类型描述如下。

3.2.1 南亚热带针、阔叶混交林

南亚热带针、阔叶混交林主要分布在保护区西北部的火烧天附近，以及岭澳水库的东面山坡和水磨坑水库的北面山坡。林分以阔叶树种占优势，针叶树仅有马尾松1种，由于针叶树天然更新不良，处于衰退状态。优势阔叶树有鼠刺、浙江润楠、大头茶及鸭脚木等。在排牙山保护区葵涌罗屋田水库附近（海拔约350 m）分布的浙江润楠＋大头茶＋马尾松－山油柑＋豺皮樟＋鼠刺群落中，乔木上层以大头茶、浙江润楠及马尾松占优势，还可见腺叶野樱；乔木下层以大头茶、山油柑、豺皮樟及鼠刺占优势，其余树种有鸭脚木、腺叶野樱、光叶山矾、绒楠、罗浮栲、刺柊及山乌桕等。灌木层除阔叶乔木的幼树外，以光叶山黄皮、桃金娘及栀子花占优势。草本层稀疏，常见的有乌毛蕨、珍珠茅、蔓九节、芒萁及黑莎草等。

3.2.2 南亚热带沟谷常绿阔叶林

南亚热带沟谷常绿阔叶林星散分布于保护区海拔250 m以下的各处沟谷地段，林中的木质藤本、茎花现象、绞杀现象和附生植物等雨林景观较为明显。乔木主要优势种类有鸭脚木、假苹婆、朴树、红鳞蒲桃、水翁、中华杜英、刨花润楠、浙江润楠、小叶干花豆及落瓣短柱茶等。层间藤本发达，主要种类有小叶买麻藤、刺果藤、龙须藤、粉叶羊蹄甲等，此外，还偶见极危植物香港马兜铃的分布。草本层多阴生植物，主要有华南紫萁、金毛狗、海芋、石菖蒲、山蒟、虾脊兰以及草豆蔻等。分布于葵涌罗屋田水库附近沟谷地段（海拔180～250 m）的红鳞蒲桃＋鸭脚木－鼠刺＋山油柑－豺皮樟群落中，乔木上层以红鳞蒲桃占优势，其余种类有假苹婆、鸭脚木、亮叶猴耳环、浙江润楠及黄樟等；乔木中层以鸭脚木、鼠刺及山油柑占优势，常见的种类还有岭南山竹子、天料木、假苹婆、亮叶猴耳环、乌材及罗浮柿等；乔木下层以鼠刺、豺皮樟及水团花占优势，还常见蒲桃、天料木、白背算盘子及土沉香等。灌木层以豺皮樟、银柴及九节占优势，还常见乔木树种的幼树，如鸭脚木、鼠刺及山油柑等。草本层稀疏，常见种类有苏铁蕨、黑莎草、乌毛蕨、团叶鳞始蕨、扇叶铁线蕨及草珊瑚等（见图3-4）。

图3-4 大鹏半岛自然保护区沟谷常绿阔叶林

3.2.3 南亚热带低地常绿阔叶林

南亚热带低地常绿阔叶林分布于坝光村、坪埔村及长湾北附近和岭澳水库附近的山麓地带，海拔250～350 m。长湾北附近的群落正受到施工的严重干扰，被割裂成若干片，而呈风水林或村边林存在。群落外貌终年常绿，结构复杂，林中木质藤本、附生和茎花现象常见，也有明显的

板根现象。上层乔木主要有榕树、假苹婆、山杜英、红鳞蒲桃、秋枫、朴树、黄桐、山油柑、鸭脚木、樟树、羊舌山矾等，树高一般超过10 m。例如臀果木＋鸭脚木＋假苹婆－银柴＋罗伞树－九节群落，位于排牙山北坡海拔250 m上下的低山地带，群落外貌浓绿色，郁闭度较大，达0.8以上，树冠层高大而呈波状起伏，植物种类组成丰富，层间藤本发达，群落结构复杂，垂直分化明显。该群落乔木上层有臀果木、刨花润楠及鸭脚木；乔木下层由臀果木、鸭脚木、假苹婆、乌材、土密树、银柴及山油柑等组成。灌木层以九节、罗伞树、光叶山黄皮等占优势，常见的还有毛冬青、毛稔、栀子花等。草本层较稀疏，主要有金毛狗、扇叶铁线蕨、土麦冬、团叶鳞始蕨等。层间藤本植物非常丰富，其中以刺果藤和小叶买麻藤占绝对优势，常见的还有小叶红叶藤、藤黄檀、三脉马钱、山鸡血藤、紫玉盘等（见图3-5）。

图3-5　大鹏半岛低地常绿阔叶林

3.2.4　南亚热带低山常绿阔叶林

南亚热带低山常绿阔叶林主要分布在保护区海拔350～450 m以下的各处低山地带，是保护区内的主要植被及代表性植被类型。优势乔木主要包括浙江润楠、鸭公树、鸭脚木、亮叶冬青、黄杞、软荚红豆、鼠刺、大头茶、山乌桕、黧蒴、绒楠、香叶树、大叶臭花椒及厚壳桂等。以浙江润楠和鸭公树为主要建群种的南亚热带低山常绿阔叶林，是大鹏半岛自然保护区北坡海拔350 m上下山坡上普遍分布的类型，群落外貌和结构复杂，以浙江润楠、鸭公树、鸭脚木、绒楠、假苹婆、亮叶冬青、银柴、九节、罗伞树等占优势。层间藤本丰富，常见的有小叶买麻藤、刺果藤、龙须藤、锡叶藤、紫玉盘及扁担藤等。在葵涌坪埔村附近的浙江润楠＋鸭公树－鸭脚木＋亮叶冬青－银柴＋九节群落中，乔木上层以浙江润楠、刨花润楠、厚壳桂、鸭公树、亮叶冬青、肉实树、腺叶野樱及假苹婆等为主；乔木下层以鸭脚木、鸭公树、青藤公、肖蒲桃、禾串树、山杜英、山油柑及乌材等为主。灌木层以银柴、九节、紫玉盘、狗骨柴及浙江润楠、鸭公树的幼树等为主。草本层以草豆蔻、草珊瑚、华山姜、土麦冬、半边旗等占优势。

3.2.5　南亚热带山地常绿阔叶林

南亚热带山地常绿阔叶林分布在保护区海拔450 m以上的山地。在种类组成上，温带种类增多，如蔷薇科、槭树科的比重增加。由于某些种类的生态幅度较广，其与低山常绿阔叶林拥有共优的种类，如浙江润楠、亮叶冬青、绒楠、大头茶、鼠刺等，但二者在群落的外貌、结构上表现出明显的差异。如后者的优势种相较前者更为突出，显得比较单调；层间植物也较前者贫乏；结构方面则层次较为分明。主要优势种类除上述种类外，还有香花枇杷、腺叶野樱、钝叶水丝梨及岭南槭等。例如分布在排牙山北坡海拔450～580 m地段的香花枇杷＋浙江润楠＋鸭公树－密花树-金毛狗群落，优势种类的频度很高，分布较为均匀。该群落乔木上层仅有4个树种，即浙江润楠、鸭公树、香花枇杷及肉实树；乔木下层主要由香花枇杷、浙江润楠、鸭公树、绒楠、鸭脚木、肉实树、厚壳桂、日本杜英、密花树、亮叶冬青、厚皮香、乌材、腺叶山矾、五列木及大头茶等组成。灌木层除乔木种类的幼树外，几乎全部为金毛狗所占据，覆盖度高达90%以上。草本层不发达，主要有华山姜、山蒟、石韦、阴石蕨等。层间植物贫乏。该群落林冠整齐，是深圳地区南亚热带山地常绿阔叶林的一个典型代表群落（见图3-6）。

图3-6　大鹏半岛山地常绿阔叶林

3.2.6　南亚热带次生常绿灌木林

南亚热带次生常绿灌木林是指以灌木生活型植物为建群种的植被类型，系原生植被遭受严重干扰逆行演替的产物，或称为"偏途顶级群落（plagiocimax）"。群落中常具有马尾松、漆树等某些先锋树种，但难以形成乔木群落。这一植被类型在保护区内分布较广，主要优势种类为厚皮香、余甘子、桃金娘、岗松、豺皮樟、大头茶及赤楠蒲桃。分布于大鹏大坑水库附近的厚皮香-岗松+桃金娘灌木林群落，海拔约250 m。整个群落高约5 m，主要以厚皮香、岗松及桃金娘占优势，群落结构简单，可直接分为2层，即木本层与草本层。木本层以厚皮香占绝对优势，其余种类有岗松、马尾松、桃金娘、大头茶、毛稔、栀子花、变叶榕及网脉山龙眼等。草本层主要有山营兰、珍珠茅、芒萁、黑莎草及木本植物的幼苗。藤本植物种类丰富，有链珠藤、粉叶菝葜、小叶买麻藤、菝葜等种类。本群落推测是由马尾松林偏途演变而来，由于南面面海，光照强，蒸发量大，导致较为干旱，马尾松发育不良，呈灌木状，叶光亮且厚革质的厚皮香发育良好而占绝对优势，同时岗松、桃金娘等均为耐干旱的灌木（见图3-7）。

图3-7　大鹏半岛山顶常绿灌丛

第4章 深圳大亚湾地区常见植物分科图谱

4.1 蕨类植物

1. 卤蕨科 Acrostichaceae

（444）卤蕨 *Acrostichum aureum* L.

2. 铁线蕨科 Adiantaceae

（445）扇叶铁线蕨 *Adiantum flabellulatum* L.

叶簇生至远生，近革质，掌状，二至四回羽状分枝。叶柄细线状，光亮，黑色或红棕色。孢子囊群生于反卷叶缘的脉上。常见于林下阳光充足的酸性土中，海拔900 m以下。粤广泛分布。

3. 三叉蕨科 Tectariaceae

（446）三叉蕨 *Tectaria subtriphylla* (Hook. et Arn.) Cop.

4. 铁角蕨科 Aspleniaceae

(447) 大羽铁角蕨 *Asplenium neolaserpitiifolium* Tard.-Blot et Ching

5. 乌毛蕨科 Blechnaceae

(448) 乌毛蕨 *Blechnum orientale* L.

多年生草本。根状茎直立。叶片卵状披针形，一回羽状；羽片多数，二形，互生。孢子囊群盖线形。常生于酸性土壤的山坡灌丛及较阴湿处，海拔 300～800 m。粤广泛分布。

6. 鳞始蕨科 Lindsaeaceae

(449) 阔片乌蕨 *Sphenomeris biflora* (Kaulf.) Tagawa

7. 水龙骨科 Polypodiaceae

(450) 伏石蕨 *Lemmaphyllum microphyllum* C. Presl

(451) 石韦 *Pyrrosia lingua* (Thunb.) Farwell

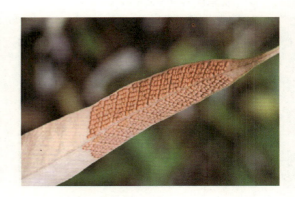

8. 金星蕨科 Thelypteridaceae

(452) 单叶新月蕨 *Pronephrium simplex* (Hook.) Holtt.

9. 凤尾蕨科 Pteridaceae

(453) 半边旗 *Pteris semipinnata* L.

4.2 种子植物

10. 爵床科 Acanthaceae

(454) 老鼠簕 *Acanthus ilicifolius* L.

(455) 水蓑衣 *Hygrophila ringens* (L.) R. Br. ex Spreng.

11. 石蒜科 Amaryllidaceae

科的特征：①草本，具球茎，稀根状茎，叶基出。②花单生或伞形花序，生于花葶末端，总苞2或1。花 $*P_{3+3}A_{3+3}\overline{G}_{(3):1:\infty}$，花柱细长，中轴胎座。③蒴果，肉质不开裂。④约100属，1 200种。

（456） 文殊兰 *Crinum asiaticum* L. var. *sinicum* (Roxb. ex Herb.) Baker

12. 漆树科 Anacardiaceae

科的特征：①圆锥花序。②花盘环状，C 插生花盘上。$G_{(1-3-5)}$，胚珠 1 枚。③核果、坚果。

（457） 野漆树 *Toxicodendron sylvestre* (Sieb. et Zucc.) Tardieu

落叶小乔木或灌木。叶螺旋状互生，小叶 9～15，对生。圆锥花序腋生。核果扁平，斜菱状圆形。生于山野或石砾地的灌丛中，海拔 900 m 以下。产于粤北、粤东一带。

13. 番荔枝科 Annonaceae

科的特征：①叶全缘，无托叶。②花单生或有花序，$K_3\ C_{3+3}\ A_\infty\ G_{\infty-1}$，螺旋状排列；药隔突起。③蓇葖果或聚合浆果。心皮果时常具柄；具假种皮，胚乳咀嚼状。④ 50 属 800 种。产于东西两半球热带。

（458） 香港瓜馥木 *Fissistigma uonicum* (Dunn) Merr.

14. 夹竹桃科 Apocynaceae

科的特征：①木本、草本、藤本。单叶对生、轮生，无托叶。② ⚥ * $K_{(5-4)}\ C_{(5)}$ 回旋状，A_{5-4}，花药矩圆形、箭形围住柱头，有腺体。花盘环状、杯状、腺体状。侧膜胎座。花柱 1。③浆果、核果、蓇葖果。

(459) 羊角拗 *Strophanthus divaricatus* (Lour.) Hook. et Arn.

15. 冬青科 Aquifoliaceae

科的特征：①单叶。②☿/♀♂ K_{4-5} C_{4-5} A_{4-5}，无花盘。③核果，2～6 核。

(460) 凹叶冬青 *Ilex championii* Loes.　　　　(461) 毛冬青 *Ilex pubescens* Hook. et Arn.

(462) 梅叶冬青 *Ilex asprella* (Hook. et Arn.) Champ. ex Benth.

(463) 纤花冬青 *Ilex graciliflora* Champ.　　(464) 铁冬青 *Ilex rotunda* Thunb.　　(465) 三花冬青 *Ilex triflora* Bl.

16. 天南星科 Araceae

科的特征：①草本，有乳汁或水液。管胞存在于所有营养器官中，梯状穿孔板的导管仅见于根中。根为菌根（mycorhizal），无根毛。叶基生或在延长的茎上互生，螺旋状或2列，单叶或复叶。有叶鞘。②筛管分子质体 PII 型。③花序为具花葶、不分枝的肉穗花序，有明亮色彩的佛焰苞。花多而小，B_0，虫媒或少风媒。两性或单性。P_{4-8} A_{1-8} 花丝大多短而阔。G_{2-15} 多室子房，中轴胎座或多样。双珠被，拟厚珠心。胚乳发育常为细胞型，偶沼生目型。④浆果或果皮革质而易破裂。有种子1至多粒。⑤110属2 500种。产于热带和亚热带，少温带。

(466) 南蛇棒 *Amorphophallus dunnii* Tutch.

(467) 海芋 *Alocasia macrorrhizos*（L.）G. Don

467a

467b

(468) 芋 *Colocasia esculenta*（L.）Schott

(469) 石柑子 *Pothos chinensis*（Raf.）Merr.

17. 五加科 Araliaceae

科的特征：①伞形、头状花序。②K 小，$C_{5/10}$，A = C、2C，C 顶成帽状体。G 1-15 室，每室倒生胎珠 1。③浆果、核果。

(470) 变叶树参 *Dendropanax proteus* (Champ.) Benth.

(471) 鹅掌柴 *Schefflera heptaphylla* (L.) Frodin

18. 萝藦科 Asclepiadaceae

科的特征：①草本、灌木、藤本。叶互生、轮生。有乳汁。②聚伞花序。* $K_{(5)} C_{(5)+(5副冠)} A_{(5)}$ 具花丝管，G_2 离生，但柱头与雄蕊均连合形成"合蕊冠"。无花盘。胚珠多数。为虫媒传粉的高级类群。③蓇葖果。种子被长丝毛。④约180属2 200种。主产于热带、亚热带。

(472) 吊灯花 *Ceropegia trichantha* Hemsl.

19. 蛇菰科 Balanophoraceae

(473) 红冬蛇菰 *Balanophora harlandii* Hook. f.

草本。根茎褐色，干时壳脆质，表面粗糙，呈脑纹状褶皱。花茎肉质，淡红色，鳞苞片5～10枚，聚生于花茎基部，呈总苞状。花雌雄异株，花序近球形或卵圆状椭圆形。附属体暗褐色。花期9—11月。生于荫蔽林中较湿润的腐殖质土壤处，海拔600 m以上。产于粤东至湛江沿海地区。

20. 秋海棠科 Begoniaceae

(474) 紫背天葵 *Begonia fimbristipula* Hance

(475) 裂叶秋海棠 *Begonia palmata* D. Don

21. 紫草科 Boraginaceae

科的特征：①草本、木本。具粗毛、糙毛，无托叶。②* → ↑ $K_{(5)}$ $C_{(5)}$ $A = C$ 互生，花盘存或不全。蝎尾状或聚伞状花序。G 2 室，胚珠 2；或子房 4 深裂，胚珠 1，柱头 2-4。③浆果或 4 小坚果。

(476) 破布木 *Cordia dichotoma* G. Forst.　　(477) 大尾摇 *Heliotropium indicum* L.

22. 苏木科 Caesalpiniaceae（云实亚科）

科的特征：①木本。单叶、一至二回羽状复叶。②总状花序，K_5 $C_{5/0}$ A_{10}。③荚果。④主产于热带。约 900 种。

(478) 龙须藤 *Bauhinia championii* (Benth.) Benth.　　(479) 华南云实 *Caesalpinia crista* L.

(480) 春云实 *Caesalpinia vernalis* Champ. ex Benth.　　(481) 华南皂荚 *Gleditsia fera* (Lour.) Merr.

23. 卫矛科 Celastraceae

科的特征：①常绿，落叶。有托叶。②有花盘，☿/♀♂ K_{4-5} C_5 A_{4-5} G 2-5 室，花柱 3。③蒴果、核果、翅果，有假种皮（色彩鲜明）。

(482) 青江藤 Celastrus hindsii Benth.　　(483) 独子藤 Celastrus monospermus Roxb.

(484) 疏花卫矛 Euonymus laxiflorus Champ. ex Benth.　　(485) 中华卫矛 Euonymus nitidus Benth.

24. 金粟兰科 Chloranthaceae

(486) 草珊瑚 Sarcandra glabra (Thunb.) Nakai

孑遗种。常绿小灌木。叶革质，无毛，椭圆形至卵状披针形，边缘具粗锯齿。花两性，穗状花序顶生，花黄绿色。核果红色球形。生于山坡、沟谷林下阴湿处，海拔 400～900 m。粤广泛分布。

25. 鸭跖草科 Commelinaceae

科的特征：①多年生草本。叶基部有闭锁叶鞘。②花两性、杂性，簇生或成聚伞花序、圆锥花序。$K_3 C_3 A_6 G_{(3)/(2)}$ 花柱单一，中轴胎座。③蒴果。④约 400 种。产于热带至亚热带。

(487) 穿鞘花 Amischotolype hispida (Less. et A. Rich.) D. Y. Hong

（488）鸭跖草 Commelina communis L.

（489）大苞鸭跖草 Commelina paludosa Bl.

（490）蛛丝毛蓝耳草 Cyanotis arachnoidea C. B. Clarke

（491）聚花草 Floscopa scandens Lour.

26. 菊科 Compositae

科的特征：①多草本，少藤本。无托叶。②头状花序，总苞1或多层。☿/♀♂ * → ↑ K冠毛状；花柱顶端2裂成柱头臂。花冠管状、舌状或二唇形花，或退化为漏斗状、假舌状，$A_{(5)}$ 花药聚合。$\overline{G}_{(2):1:1}$。基生胎座。③瘦果。④约1 100属近3 000种。

（492）鬼针草 Bidens pilosa L.

（493）鳢肠 Eclipta prostrata (L.) L.

（494）鱼眼菊 Dichrocephala integrifolia (L. f.) Kuntze

（495）白花地胆草 Elephantopus tomentosus L.

（496）千里光 Senecio scandens Buch.-Ham. ex D. Don

（498）毒根斑鸠菊 Vernonia cumingiana Benth.

（497）夜香牛 Vernonia cinerea (L.) Less.

27. 牛栓藤科 Connaraceae

科的特征：①木本、藤本。② * $K_5 A_{5-10} G_{5-1;1;2}$。③蓇葖果。种子有假种皮。④产于热带。约24属340种。

（499）小叶红叶藤 *Rourea microphylla* (Hook. et Arn.) Planch.

攀援灌木。奇数羽状复叶，幼叶红色，通常7～17片，小叶片坚纸质至近革质，卵形、披针形或长圆披针形，常偏斜，全缘，两面均无毛，上面光亮，下面稍带粉绿色。圆锥花序，花瓣白色、淡黄色或淡红色。蓇葖果椭圆柱形或斜卵球形，成熟时红色。生于山坡上或疏林中，海拔900 m以下。粤广泛分布。

28. 葫芦科 Cucurbitaceae

科的特征：①草本。茎缠绕或匍匐，具卷须。② ♂ $K_{(5)} C_5 A_{(3)}$ 束，♀ 花花药常曲成 S 形。③ 柱头厚，3 个侧膜胎座。双珠被。④ 90 属 700 种。产于热带至亚热带。

（500） 绞股蓝 *Gynostemma pentaphyllum* (Thunb.) Makino

29. 莎草科 Cyperaceae

科的特征：①丛生草本。有匍匐根状茎，实心，三棱状，不分枝。根簇生，纤维状。叶常基生，叶鞘闭合，叶片狭长，无叶舌。②花两性，或 ♀ ♂ 同株，每一朵花有一苞片，称为颖片。花被退化为鳞片状、毛状、花瓣状或 P_0，G 1 室，花柱 2-3，胚珠 1。③小坚果。2 花柱果扁平，3 花柱果三棱形。

（501） 砖子苗 *Cyperus cyperoides* (L.) Kuntze　　　（502） 珍珠茅 *Scleria levis* Retz.

30. 交让木科 Daphniphyllaceae

（503） 牛耳枫 *Daphniphyllum calycinum* Benth.

灌木。叶纸质，阔椭圆形或倒卵形，全缘，略反卷，叶背被白粉，侧脉在叶面清晰，叶背突起，叶柄长 4～8 cm。总状花序腋生。小核果卵圆球形，被白粉，基部具宿萼。生于疏林或灌丛中，海拔 60～900 m。粤各地均有分布。

31. 薯蓣科 Dioscoreaceae

（504）薯莨 *Dioscorea cirrhosa* Lour.

32. 柿树科 Ebenaceae

（505）乌材 *Diospyros eriantha* Champ. ex Benth.

（506）岭南柿 *Diospyros tutcheri* Dunn　　　　（507）罗浮柿 *Diospyros morrisiana* Hance

33. 杜英科 Elaeocarpaceae

科的特征：①木本。单叶，有托叶。②圆锥花序，$K_{4-5} C_{4-5} A_\infty$ 花瓣撕裂状，花药伸长，顶孔开裂。③核果、浆果。有胚乳。④ 7 属 150 种。产于泛热带至热带。

（508）中华杜英 *Elaeocarpus chinensis* (Gardn. et Chanp.) Hook. f. ex Benth.　　（509）山杜英 *Elaeocarpus sylvestris* (Lour.) Poir.

34. 大戟科 Euphorbiaceae

科的特征：①托叶小。常有乳汁。②聚伞花序或杯状花序。$K_{2-5} C_0 A_{\infty-1} G_{(3)}$，为3室，有花盘，中轴胎座。③蒴果、核果。种子有明显种阜，胚乳肉质。④约280属8 000种。全球广布。

（510） 红背山麻杆 *Alchornea trewioides* (Benth.) Muel.-Arg.

（511） 五月茶 *Antidesma bunius* (L.) Spreng.

（512） 柳叶五月茶 *Antidesma montanum* Blume var. *microphyllum* Petra ex Hoffmam.

（513） 鸡骨香 *Croton crassifolius* Geisel.

（514） 毛果巴豆 *Croton lachnocarpus* Benth.

（515） 巴豆 *Croton tiglium* L.

（516） 黄桐 *Endospermum chinense* Benth.

（517） 飞扬草 *Euphorbia hirta* L.

(518) 海漆 *Excoecaria agallocha* L.

(519) 毛果算盘子 *Glochidion eriocarpum* Champ. ex Benth.

(520) 厚叶算盘子 *Glochidion hirsutum* (Roxb.) Voigt

(521) 算盘子 *Glochidion puberum* (L.) Hutch.

(522) 白背算盘子 *Glochidion wrightii* Benth.

(523) 香港算盘子 *Glochidion zeylanicum* (Gaertn.) A. Juss

(524) 余甘子 *Phyllanthus emblica* L.

（525）山乌桕 Triadica cochinchinensis Lour.　　（526）乌桕 Triadica sebiferum (L.) Small

山乌桕：乔木或灌木。叶互生，纸质，嫩时呈淡红色，叶片椭圆形或长卵形，顶端钝或短渐尖，基部楔形，叶柄纤细，顶端具二毗连的腺体。顶生总状花序。蒴果黑色，球形。花期4—6月。生于山谷或山坡混交疏林中，海拔50～500 m。广东除石灰岩地区外各地均有。

35. 壳斗科 Fagaceae

科的特征：①乔木。单叶互生，有托叶。②♀♂同株；♂：柔荑花序穗状，$K_{4-6} A_\infty$；♀：K_{4-6}裂，单生或3朵聚伞状生于总苞内。总苞针状、鳞状，花柱与子房室同数。③坚果。④主产于热带、亚热带。7属约900种。

（527）毛锥 Castanopsis fordii Hance　　（528）饭甑青冈 Cyclobalanopsis fleuryi (Hick. et A. Camus) Chun ex Q. F. Zheng

（529）烟斗柯 Lithocarpus corneus (Lour.) Rehd.　　（530）紫玉盘石柯 Lithocarpus uvariifolius (Hance) Rehd.

36. 龙胆科 Gentianaceae

科的特征：①草本，稀灌木。叶对生，无托叶。② *$K_{(4-5)} C_{(4-5)}$回旋状，$A = C$互生，G 1 室，侧膜胎座，花柱单生。或♀♂同株。③蒴果。④主产于北温带。

(531) 华南龙胆 *Gentiana loureirii* (G. Don) Griseb.

37. 苦苣苔科 Gesneriaceae

科的特征：①草本。叶常不对称。② ↑ K 筒状，C$_{(5)}$ 冠筒状，A$_4$ 二强雄蕊，侧膜胎座 2，胚珠 ∞。有花盘。③蒴果。

(532) 唇柱苣苔 *Chirita sinensis* Lindl.

38. 草海桐科 Goodeniaceae

(533) 海南草海桐 *Scaevola hainanensis* Hance

(534) 草海桐 *Scaevola taccada* (Gaertn.) Roxb.

39. 禾本科 Gramineae

科的特征：①草本，竹类为木本。常在基部分枝，秆圆形，有节，节间中空。每节 1 叶，有叶片、叶舌、叶鞘，叶片狭长。②花两性，或♀♂同株，小穗排成各式花序。背腹压扁，两侧压扁；B$_2$ 每花小苞片 2 枚，称为外稃和内稃；小穗的苞片，称为第一颖、第二颖；P$_{1-3}$ 浆状，A$_{1-6}$ 或 A$_3$ 花药丁字着生；G 子房 1 室，花柱 2 个，柱头羽毛状。③颖果，外果皮薄，与种子连生，具粉状胚乳。或为囊果。④约 660 属 1 000 种。全球广布。

(535) 孟仁草 *Chloris barbata* Sw.

(536) 薏苡 *Coix lacryma-jobi* L.

(537) 牛筋草 *Eleusine indica* (L.) Gaertn.

(538) 蔓生莠竹 *Microstegium fasciculatum* (L.) Henrard

(539) 芦苇 *Phragmites australis* (Cav.) Trin. ex Steud

(540) 皱叶狗尾草 *Setaria plicata* (Lam.) T. Cooke.

(541) 棕叶芦 *Thysanolaena latifolia* (Roxb. ex Hornem.) Honda

40. 藤黄科 Guttiferae

(542) 薄叶红厚壳（横经席）*Calophyllum membranaceum* Gardn. & Champ.

(543) 黄牛木 *Cratoxylum cochinchinense* (Lour.) Bl.

横经席：灌木至小乔木。幼枝四棱形。叶薄革质，长圆或长圆状披针形，顶端渐尖，边缘反卷，两面具光泽，侧脉纤细，密集，成规则的横行排列，干后两面明显隆起。聚伞花序腋生，花白色带浅红色。果卵状长圆球形，顶端具短尖头，成熟时黄色。花期3—5月，果期8—10月。生于低海拔至中海拔的山地林中或灌丛。产于我国华南地区。

41. 金缕梅科 Hamamelidaceae

科的特征：①单叶，有锯齿，有托叶。②花两性或单性；总状、穗状、头状。$K_{4-5}C_{4-5}A_{4-13}G_{(2)}$，子房2室，花柱2；花有萼筒。③蒴果，先端二喙状。④26属140种。主产于亚洲热带，少数产于北美、澳大利亚、马达加斯加。

（544）杨梅叶蚊母树 *Distylium myricoides* Hemsl.

42. 绣球花科 Hydrangeaceae

（545）常山 *Dichroa febrifuga* Lour.

43. 粘木科 Ixonanthaceae

（546）粘木 *Ixonanthes reticulata* Jack

44. 胡桃科 Juglandaceae

科的特征：①乔木，有树脂。奇数羽状复叶，无托叶。②♂下垂穗状花序，$K_{3-6}C_0A_{\infty-3}$，♀直立穗状，K_{3-5}，萼浅裂，花柱短，二叉状。③核果，内果皮骨质，分割成不完全2-4室；种子单生。④8属60种。主产于北半球。

（547）黄杞 *Engelhardtia roxburghiana* Wall.

45. 唇形花科 Labiatae

科的特征：①草本。有挥发油。茎四方形，无托叶。② * 或二唇形花，$K_{(5)}$ $C_{(4-5)}$ A_{4-2} 二强雄蕊，G_2 心皮深裂成4室，花柱生基部，倒生胚珠1。花药分叉状。③ 4个小坚果。④约220属3 500种。全球分布。

（548）中华锥花 *Gomphostemma chinense* Oliv.　　　（549）韩信草 *Scutellaria indica* L.

46. 樟科 Lauraceae

科的特征：①乔木、灌木、藤本。具芳香味。无托叶。叶、树皮具有油细胞，叶离基三出脉或网状脉。②聚伞花序，总状花序。P_{3+3} A_{3+3+3} Ad_3，瓣裂，第1、第2轮内向，第3轮外向。花药基部常具腺体。③ $G_{(3)}$ 或 $G_{(1)}$，胚珠1；浆果、核果。种子无胚乳。④ 45属1 200种。产于亚洲、美洲、非洲、大洋洲热带至亚热带。

（550）阴香 *Cinnamomum burmannii* (C. G. & Th. Nees) Bl.　　　（551）乌药 *Lindera aggregata* (Sims) Kosterm.

（552）短序润楠 *Machilus breviflora* (Benth.) Hemsl.　　　（553）浙江润楠 *Machilus chekiangensis* S. Lee

短序润楠：乔木。叶革质，略聚生于小枝先端，倒卵形至倒卵状披针形，两面无毛，干时下面稍粉绿色或带褐色，中脉上面凹入，下面凸起，侧脉和网脉纤细。顶生圆锥花序3～5个，花绿白色。果球形。生于山地或山谷溪边疏林中。产于粤东南地区。

(554) 华润楠 *Machilus chinensis* (Champ. ex Benth.) Hemsl.　　(555) 绒楠 *Machilus velutina* Champ. ex Benth.

47. 马钱科 Loganiaceae

科的特征：①木本或攀援状。单叶对生、轮生。托叶极退化。② * K_{4-5} $C_{(4-5)}$，$A = C$ 互生，G 2-4室，中轴胎座。③核果、蒴果、浆果。④约35属750种。

(556) 驳骨丹 *Buddleja asiatica* Lour.　　(557) 华马钱 *Strychnos cathayensis* Merr.

48. 槲寄生科 Viscaceae

科的特征：①寄生灌木、亚灌木。叶对生或轮生，基出脉3～5条。②雌雄异株，雄花序聚伞状，雌花序聚伞式穗状。异被。花柱宿存。

(558) 瘤果槲寄生 *Viscum ovalifolium* DC.

49. 木兰科 Magnoliaceae

科的特征：①乔、灌木。托叶包被芽；具芳香性挥发油。叶全缘。②花常具一大型苞片。花托突起，K、C不分化，多数；A_∞、G_∞，螺旋状排列。③蓇葖果、翅果；胚乳丰富，胚小。④14属140种。主产于亚洲热带、亚热带，北美洲、中美洲、南美洲亦产。

(559) 醉香含笑（火力楠）*Michelia macclurei* Dandy

50. 锦葵科 Malvaceae

科的特征：①草本、灌木。茎皮富纤维，被星状毛；有托叶；叶掌状脉。② ⚥/♀♂ $K_{3-5}\ C_5\ A_\infty$ 单体雄蕊；有副萼（由苞片转化而来）；药1室、直裂；$G\ 2-\infty$ 室，花柱上部分离。心皮常合生，中轴胎座。③蒴果，具分果爿，或浆果。种子具胚乳。④ 50属1 000种。产于热带至温带地区。

(560) 磨盘草 Abutilon indicum (L.) Sweet　　**(561) 黄槿 Hibiscus tiliaceus L.**

(562) 杨叶肖槿 Thespesia populnea (L.) Soland. ex Corr.　　**(563) 肖梵天花（地桃花）Urena lobata L.**

51. 野牡丹科 Melastomataceae

科的特征：①草本、灌木。枝叶对生。具基出弧形脉3～9条。② * $K_{4-5}\ C_{4-5}\ A=C,\ 2C,\ 2-\infty$ 室，花柱单生。多中轴胎座，花药常有附属体或下端连合成距。③蒴果、浆果。

(564) 毛稔 Melastoma sanguineum Sims

大灌木，全株均被平展的长粗毛。叶片坚纸质，全缘，卵状披针形至披针形，顶端渐尖，基部钝或圆形，基出脉5，叶面有光泽。顶生伞房花序，常仅有花1朵，花瓣淡紫粉色或淡粉色。果杯状球形，宿存萼密被红色长硬毛。花、果期几乎全年。常见于坡脚、沟边湿润的草丛或矮灌丛中，海拔400 m以下。

52. 防己科 Menispermaceae

（565）秤钩风 *Diploclisia affinis* (Oliv.) Diels

（567）夜花藤 *Hypserpa nitida* Miers

（566）苍白秤钩风 *Diploclisia glaucescens* (Bl.) Diels

53. 含羞草科 Mimosaceae

科的特征：①木本或草本。一至二回羽状复叶。②穗状、头状花序。$K_5 \ C_5 \ A_{5/\infty} \ G_{2;1;\infty}$。③荚果。④主产于热带至亚热带，约 1 900 种。

（568）天香藤 *Albizia corniculata* (Lour.) Druce

（569）银合欢 *Leucaena leucocephala* (Lam.) de Wit

54. 桑科 Moraceae

科的特征：①具乳汁，托叶 2。②穗状、头状、隐头花序。花单性；K_4，$A = K$，对生，$G_{(2);1;1}$，垂生，花柱 2，线形。③瘦果、坚果、浆果，常组成聚花果。④67 属 1 000 种。主产于热带、亚热带。

（570）白桂木 Artocarpus hypargyreus Hance ex Benth.

（571）葡蟠 Broussonetia kaempferi Sieb. var. australis Suzuki

（572）台湾榕 Ficus formosana Maxim.

（573）窄叶台湾榕 Ficus formosana Maxim. var. shimadai (Hayata) W. C. Chen

（574）粗叶榕 Ficus hirta Vahl

（575）对叶榕 Ficus hispida L. f.

（576）薜荔 Ficus pumila L.

（577）青果榕 Ficus variegata Bl. var. chlorocarpa (Benth.) King

(578) 杂色榕 Ficus variegata Bl.

(579) 变叶榕 Ficus variolosa Lindl. ex Benth.

(580) 舶梨榕 Ficus pyriformis Hook. & Arn.

55. 芭蕉科 Musaceae

科的特征：①高大草本。茎短，由叶鞘重叠成假茎，叶具中肋，羽状平行脉。②花 ⚥/♀ ♂，簇生于大佛焰苞内。常 ♂ 在上，♀ 在下部。$P_{(5)}$ 花被管沿一侧开裂，或为 $P_{(3+2)} A_5 + Ad_1 \overline{G}_{(3);3;\infty}$ 中轴胎座。③果肉质。④ 1 属 50 种。主产于亚洲热带。

(581) 野蕉 Musa balbisiana Colla

56. 紫金牛科 Myrsinaceae

科的特征：①木本。单叶互生，具腺点。②花小，⚥/♀ ♂ $K_{(5)} C_{(5-4)} A_5$，A = C 对生，G 1 室，胚珠 ∞，特立中央胎座。③浆果、核果。④ 30 属 1 000 种。主产于热带，亦到亚热带。

(582) 朱砂根 Ardisia crenata Sims.　　(583) 郎伞木（大罗伞树）Ardisia hanceana Mez.

(584) 莲座紫金牛 Ardisia primulaefolia Gardn. et Champ.

(585) 罗伞树 Ardisia quinquegona Bl.

(586) 多脉酸藤子 Embelia vestita Roxb.　　(587) 杜茎山 Maesa japonica (Thunb.) Moritzi ex Zoll.

杜茎山：灌木，直立。叶片椭圆形至倒卵状披针形，革质。总状花序或圆锥花序。果球形。花期1—3月，果期10月至翌年5月。生于杂木山林中，海拔300～900 m。广东省内广泛分布。产于我国华南、西南、华中至日本，越南亦产。

57. 桃金娘科 Myrtaceae

科的特征：①乔木、灌木。单叶，全缘，多腺点。② K 与 C 连合成一帽状体。* $K_{(3-6)} C_{4-5-6}$ 生于花盘边缘，$A_∞ \overline{G}_{(∞);1;1-∞}$，多中轴胎座，稀侧膜胎座。具环胚、螺胚。③蒴果或浆果状。

(588) 红鳞蒲桃 *Syzygium hancei* Merr. et Perry　　(589) 蒲桃 *Syzygium jambos* (L.) Alston

58. 山柚子科 Opiliaceae

(590) 山柑藤 *Cansjera rheedei* J. F. Gmel.

59. 兰科 Orchidaceae

科的特征：①陆生、附生、腐生草本。有根状茎、块根或地下茎，菌根营养。②具叶或假鳞茎。叶 2 列，互生或鳞状，基部具鞘。③花两性，♀♂↑P_{3+3} 外轮萼状，内轮瓣状，唇瓣大，艳丽，具蜜腺或距状。具合蕊柱 A_{1-2}，花粉粒状、块状，$\overline{G}_{(3);1;∞}$ 侧膜或中轴胎座，3 室，柱头 3 个。子房成熟时常连同花柄 180° 旋转。④蒴果，种子多数，无胚乳。胚常具后熟作用。⑤约 753 属 20 000 种。

(591) 多花脆兰 *Acampe rigida* (Buch.-Ham. ex J. E. Smith) P. F. Hunt　　(592) 广东隔距兰 *Cleisostoma simondii* (Gagnep.) Seidenf. var. *guangdongense* Z. H. Tsi

(593) 高斑叶兰 *Goodyera procera* (Ker-Gawl.) Hook.

(594) 见血青 *Liparis nervosa* (Thunb. ex A. Murray) Lindl.

(595) 紫纹兜兰 *Paphiopedilum purpuratum* (Lindl.) Stein

(596) 长茎羊耳蒜 *Liparis viridiflora* (Bl.) Lindl.

(597) 石仙桃 *Pholidota chinensis* Lindl.

(598) 香港带唇兰 *Tainia hongkongensis* Rolfe

60. 列当科 Orobanchaceae

(599) 野菰 *Aeginetia indica* L.

61. 棕榈科 Palmae

科的特征：①细瘦乔木或粗灌木，干不分枝或攀援状（有环痕或具刺或被覆宿存的叶基）。叶常绿，互生，羽状裂或掌状裂，常聚生于茎顶，有时一至二回复叶。叶柄基部常扩大而成具纤维的鞘。②筛管分子质体 PII 型。③穗状花序或圆锥花序，罕见头状花序，有时增厚而为肉穗花序状，总花梗常有 1 枚先出叶及 1 至数枚的佛焰苞。花细小，虫媒，极少风媒，两性或单性。$P_{3+3/3}$ $P_{2+2/0}$ A_{3+3}/A_{3-900}；$G_{3(-10):1-3(4-7)}$；双珠被稍厚珠心；胚乳发育核型。④果为浆果、核果或坚果。外果皮常纤维质。胚乳均匀或嚼烂状。⑤共 210 属 2 800 种。产于亚洲、美洲热带。中国有 28 属 100 种。

（600）棕竹 *Rhapis excelsa*（Thunb.）Henry ex Rehd.

62. 蝶形花科 Papilionaceae

科的特征：①木本、草本。单叶、复叶。②蝶形花冠。$K_{(5)}$ C_5 $A_{(9)+1}$ G 1 室，花柱 1。③荚果。④约 525 属 10 000 种。世界广布。

（601）毛相思子 *Abrus pulchellus* subsp. *mollis*（Hance）Verdc.　　（602）猪屎豆 *Crotalaria pallida* Ait.

（603）两粤黄檀 *Dalbergia benthamii* Prain　　（604）藤黄檀 *Dalbergia hancei* Benth.

(605) 香港黄檀 *Dalbergia millettii* Benth.

(606) 小槐花 *Ohwia caudata* (Thunb.) Ohashi

(607) 南美山蚂蝗 *Desmodium tortuosum* (Sw.) DC.

(608) 中华胡枝子 *Lespedeza chinensis* G. Don

(609) 截叶铁扫帚 *Lespedeza cuneata* (Dum.-Cours.) G. Don

(610) 美丽胡枝子 *Lespedeza thunbergii* subsp. *formosa* (Vogel) H. Ohashi

(611) 凹叶红豆 *Ormosia emarginata* (Hook. et Arn.) Benth.

(612) 葛 *Pueraria montana* (Lour.) Merr. var. *lobata* (Willd.) Maesen et S. M. Almeida ex Sanjappa et Predeep

（613） 葫芦茶 *Tadehagi triquetrum* （L.） H. Ohashi　　（614）猫尾草 *Uraria crinita*（L.）DC.

63. 田葱科 Philydraceae

（615） 田葱 *Philydrum lanuginosum* Banks et Sol. ex Gaertn.

64. 车前科 Plantaginaceae

（616） 大车前 *Plantago major* L.

65. 蓼科 Polygonaceae

科的特征：①草本、灌木、藤本。叶柄基部有膜质托叶鞘，抱茎。②花 ⚥/♀♂，* $P_{6-3} A_{6-3}$，花盘环状或鳞片状，G 1 室，花柱 2～4 条。③三棱形坚果、瘦果。有内胚乳，无外胚乳。④ 40 属 800 种。主产于北温带至亚热带。

（617） 金线草 *Antenoron filiforme*（Thunb.）Robcrty et Vautier

66. 红树科 Rhizophoraceae

科的特征：①木本。单叶对生。② K_{3-14}，$C=K$，$A=2C$，AC 对生，有花盘，G 2-多室。③果不开裂。子叶圆柱形。④约 16 属 120 种。主产于热带海岸和内陆。为红树林的主要成分。

(618) 秋茄 *Kandelia candel* (L.) Druce

67. 茜草科 Rubiaceae

科的特征：①木本、草本。单叶，对生或轮生，托叶显著。② * K_{4-6} 常有一大型瓣状萼，$C_{(4-6)}$ 回旋状，$A=C$ 生花冠上，G 2 室。花柱细长。轴生、顶生、基生胎座。③蒴果、浆果。④约 450 属 5 000 种。主产于热带、亚热带。

(619) 阔叶丰花草 *Spermacoce alata* Aubl.

(621) 流苏子 *Coptosapelta diffusa* (Champ. ex Benth.) Van Steenis

(620) 狗骨柴 *Diplospora dubia* (Lindl.) Masam.

(622) 栀子花 Gardenia jasminoides Ellis

(623) 白花蛇舌草 Hedyotis diffusa Willd

(624) 粤港耳草 Hedyotis loganioides Benth.

(625) 鸡眼藤 Morinda parvifolia Bartl. ex DC.

(626) 羊角藤 Morinda umbellata L.

(627) 楠藤 Mussaenda erosa Champ.

(628) 短小蛇根草 Ophiorrhiza pumila Champ. ex Benth.

(629) 鸡矢藤 Paederia foetida L.

(630) 蔓九节 *Psychotria serpens* L.

(631) 九节 *Psychotria asiatica* L.

灌木。叶对生，纸质或革质，长圆形或倒披针状长圆形，全缘，鲜时稍光亮，短鞘状托叶膜质，顶部不裂。聚伞花序通常顶生，花冠白色。核果球形或宽椭圆柱形，有纵棱，红色。花、果期全年。生于山坡、山谷溪边的灌丛或林中，海拔 20～800 m。我国华南广泛分布。

68. 芸香科 Rutaceae

科的特征：①有刺。叶有油腺。②花盘显著，常二轮雄蕊。☿/♀♂ K_{4-5} C_{4-5}，A = C，2C，G_{2-5}。③浆果、核果、蒴果。

(632) 簕欓花椒 *Zanthoxylum avicennae* (Lam.) DC.

(633) 两面针 *Zanthoxylum nitidum* (Roxb.) DC.

(634) 花椒簕 *Zanthoxylum scandens* Bl.

幼龄时灌木状，成龄时攀援状。叶革质，卵形或斜长圆形，叶面光亮，全缘，顶端凹缺处有一油点。圆锥花序腋生，花瓣 4，黄绿色。生于海拔 800 m 以下向阳坡地的灌丛中或山谷杂木林中。我国华南地区广泛分布。

634

（635）山油柑 Acronychia pedunculata（L.）Miq.

（636）山小橘 Glycosmis parviflora（Sims）Little

（637）山橘 Fortunella hindsii（Champ. ex Benth.）Swingle

（638）楝叶吴茱萸 Tetradium glabrifolium（Champ. ex Benth.）Hartley

69. 清风藤科 Sabiaceae

（639）毛萼清风藤 Sabia limoniacea Wall. ex Hook. f. et Thoms.

70. 檀香科 Santalaceae

科的特征：①木本，常寄生。单叶全缘。② ☿/♀ ♂，萼片花瓣状 $K_{4(3-6)}$ C_0，有花盘，$A_{4(3-6)}$，G 1 室。③核果、坚果。

（640）寄生藤 Dendrotrophe varians（Bl.）Miq.

71. 无患子科 Sapindaceae

科的特征：①复叶。②总状、圆锥、伞形花序。K_{4-5} C_{4-5} A_{8-10} $G\,2-4$ 室。③蒴果、核果、翅果、坚果、浆果。种子有假种皮。

(641) 龙眼 *Dimocarpus longan* Lour.

72. 玄参科 Scrophulariaceae

科的特征：①草本、木本。无托叶。②二唇形花↑K_{4-5} C_{5-4} A_4 二强雄蕊，药室相连于顶端；花盘环状或一侧退化；花柱顶端，轴生。③蒴果、浆果。

(642) 毛麝香 *Adenosma glutinosum* (L.) Druce

(643) 长蒴母草 *Lindernia anagallis* (Burm. f.) Pennell

73. 菝葜科 Smilacaceae

科的特征：①攀援状灌木，具粗硬根状茎。单叶，互生，基出3～5脉，支脉网状。叶柄常具鞘和卷须。②常为伞形花序。A_6，$G_{(3;3)}$ 室。③浆状核果。

(644) 筐条菝葜 *Smilax corbularia* Kunth

(645) 菝葜 *Smilax china* L.

菝葜：攀援灌木，疏生刺。叶薄革质或坚纸质，卵形或卵圆形，下面通常淡绿色，较少苍白色；叶柄几乎都有卷须。伞形花序，花绿黄色。浆果熟时红色，有粉霜。花期2—5月，果期9—11月。生于各处林下、灌丛中、路旁、河谷或山坡上。粤各地广泛分布。

（646）土茯苓 *Smilax glabra* Roxb.　　　　（647）暗色菝葜 *Smilax lanceifolia* Roxb. var. *opaca* A. DC.

74. 山矾科 Smyplocaceae

科的特征：①木本。无托叶。②花序多变。☿/♀♂ $K_{(5)}$ C_{3-11} $A_{\infty-4}$ 花冠基部连合，G 2-5 室，胚珠 2-4。③浆果、蒴果。萼宿存。④1 属 300 种。产于亚洲、太平洋岛屿及南美洲。

（648）华山矾 *Symplocos chinensis* (Lour.) Druce

75. 茄科 Solanaceae

科的特征：①草本、灌木、藤本。单叶互生，无托叶。② * $K_{(4-6)}$ $C_{(5)}$ $A_{(5)}$ 聚药雄蕊，$G_{(2)}$ 子房位置偏离中线，花柱单一；中轴胎座（有时有假隔膜）。胚珠多数。③浆果、蒴果。④主产于热带、温带。

（649）红丝线 *Lycianthes biflora* (Lour.) Bitt.

76. 梧桐科 Sterculiaceae

（650）假苹婆 *Sterculia lanceolata* Cav.

77. 安息香科 Styracaceae

科的特征：①木本。常被星状毛，无托叶。②总状花序，* $K_{(4-5)}$ $C_{(4-5)}$，$A=2C$，$G\ 3-5$ 室。③核果、蒴果。④ 12 属 130 种。主产于东亚和北美。

（651） 白花龙 *Styrax faberi* Perk.

（652） 栓叶安息香 *Styrax suberifolius* Hook. et Arn.

78. 山茶科 Theaceae

科的特征：①木本。单叶互生，无托叶。叶有锯齿。②花单生，两性，稀♀♂，具苞片，小苞片，* K_5 C_5 $A\infty$ 多轮 $G_{(3-5)}$。中轴胎座。③蒴果或核果。④约 40 属 700 种。主产于东亚、东南亚、西南太平洋、南美洲。

（653） 柃叶连蕊茶 *Camellia euryoides* Lindl.

（654） 落瓣短柱茶 *Camellia kissii* Wall.

（655） 油茶 *Camellia oleifera* Abel

79. 瑞香科 Thymelaeaceae

（656） 土沉香 *Aquilaria sinensis* (Lour.) Spreng.

125

80. 椴树科 Tiliaceae

（657）甜麻 *Corchorus aestuans* L.

（658）刺蒴麻 *Triumfetta rhomboidea* Jacq.

81. 榆科 Ulmaceae

科的特征：①单叶互生，两侧常不对称，托叶对生。②☿或♂♀，K4－8，钟状，无花瓣，A＝C，对生，G₍₂₎，花柱2，垂生胚珠。③膜质干果、翅果、核果。④15属200种。产于热带至温带。

（659）白颜树 *Gironniera subaequalis* Planch.

（660）朴树 *Celtis sinensis* Pers.

（661）假玉桂 *Celtis timorensis* Span.

（662）狭叶山黄麻 *Trema angustifolia* (Planch.) Bl.

（663）山黄麻 *Trema tomentosa* (Roxb.) Hara

82. 荨麻科 Urticaceae

科的特征：①有托叶，单叶，常具刺毛，表皮细胞具多钟乳体。②花单性，聚伞花序；A＝K，对生，$G_{(2):1}$，花柱单一。③瘦果、浆果状核果。④40属500种。

（664）苎麻 *Boehmeria nivea* (L.) Gaud.

（665）糯米团 *Gonostegia hirta* (Bl.) Miq.

（666）蔓赤车 *Pellionia scabra* Benth.

83. 海榄雌科 Avicenniaceae

（667）海榄雌（白骨壤）*Avicennia marina* (Forsk.) Vierh.

84. 马鞭草科 Verbenaceae

科的特征：①草本、木本。枝方形，无托叶。② K_{4-5} C_{4-5} A_4/A_{5-2}，A 生于花冠管上。$G_{(2)}$，2-4室，花柱顶生，胚珠2-1。花稍两侧对称。穗状、聚伞花序，花萼钟状、漏斗状。③核果、蒴果。④约80属3 000种。主产于热带、亚热带。

(668) 杜虹花 *Callicarpa formosana* Rolfe

(669) 枇杷叶紫珠 *Callicarpa kochiana* Makino

(670) 广东紫珠 *Callicarpa kwangtungensis* Chun

(671) 红紫珠 *Callicarpa rubella* Lindl.

(672) 鬼灯笼 *Clerodendrum fortunatum* L.

(673) 灰毛大青 *Clerodendrum canescens* Wall. ex Walp.

(674) 大青 *Clerodendrum cyrtophyllum* Turcz.

85. 葡萄科 Vitaceae

科的特征：①蔓性灌木，含水液。叶具半透明腺点。有卷须。②有花盘，雄蕊在花盘内侧。③浆果。

（675）粤蛇葡萄 *Ampelopsis cantoniensis* (Hook. et Arn.) Planch.

（676）白粉藤 *Cissus repens* Lam.

（677）异叶地锦 *Parthenocissus dalzielii* Gagnep.

（678）扁担藤 *Tetrastigma planicaule* (Hook. f.) Gagnep.

86. 姜科 Zingiberaceae

科的特征：①多年生草本。块状根茎有芳香味；叶2列，有鞘。②花两性，P_{3+3} 内轮1枚瓣状较大；A_1，另退化雄蕊2枚成花瓣状。$G_{(2-3):2-3:\infty}$ 中轴或侧膜胎座，花柱顶生。③蒴果或浆果。④45属800多种。主产于旧大陆热带。

（679）草豆蔻 *Alpinia hainanensis* K. Schum.

（680）山姜 *Alpinia japonica* (Thunb.) Miq.

第5章 深圳大亚湾地区自然地理环境

2013年7月,中山大学生命科学学院开始在深圳大亚湾设置生物学野外实习基地。实习基地就建在中国水产科学研究院南海水产研究所深圳试验基地内,得到了水产基地领导的大力支持。2014年6月,由中山大学教务处批准,该基地被列为中山大学的校外实践基地,正式挂牌"中山大学大亚湾生物学实习基地"。

从地理区位看,实习基地位于排牙山、田头山、马峦山以及南部的七娘山之间的连接带开阔地,东部为大亚湾海岸带,也是深圳市规划的黄金海岸国际生态旅游区。

目前,北部的排牙山已规划为深圳市大鹏半岛自然保护区。南部的七娘山东北部大部分区域已建成七娘山地质公园。整体来看,实习基地处于一个非常理想的场所,周围自然地理环境优越,资源丰富,生态景观良好。

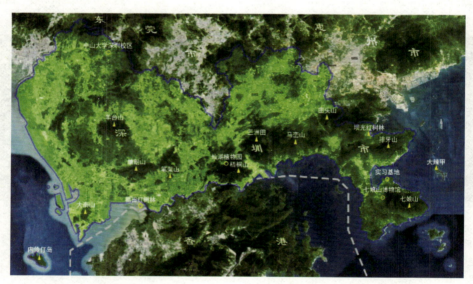

图5-1 深圳大亚湾地区地理位置(示实习基地及附近几个实习点的地理位置)

5.1 中国水产科学研究院南海水产研究所深圳试验基地

中国水产科学研究院南海水产研究所深圳试验基地是南海水产研究所科研支持机构,位于深圳市大鹏新区南澳街道大碇村83号,是全国规模最大的"三高"(即高产、高质、高经济效益)水产增养殖科研和科技成果转化基地之一。最近10年来,基地承担科研项目80多项,获国家、省(部)级科研成果33项,为解决我国名优水产种苗的繁育、增养殖和病害防治等关键技术做出了极大贡献。

基地占地面积8.6 hm^2,开放式养殖海域13.3 hm^2。办公大楼兼实验楼1幢,面积2 492 m^2,实验车间3 495 m^2,高位池塘28口,水面33 000 m^2;配套有给排水系统、道路、围墙、绿化和消防等设施。实验室14间,大型科学仪器40台(套)。职工住宿楼2幢,标准客房48间。篮球场1个。20人的小会议室1间,80~100人的大会议室1间,配有多媒体投影设备,能开展中等规模的学术交流和技术培训活动。具备良好的科研条件和配套完善的生活设施。基地可供80~120人开展野外实习活动。

5.2 深圳大鹏半岛市级自然保护区

深圳大鹏半岛自然保护区位于深圳市东部大鹏半岛，隶属深圳市大鹏新区，东南临大亚湾和西涌湾，北接惠州地区。保护区的规划面积为 146.22 km^2，南北长约 22.3 km，东西宽约 16.6 km，地理位置为北纬 22°27′~22°39′，东经 114°17′~114°22′，海拔 0~707 m。从地理位置上看，包括北半岛、南半岛及其间的颈部连接地带，整体形似哑铃。其中，北半岛的排牙山山地森林部分为主体部分，面积达 97.48 km^2。此外，还包括邻近几个片区，即：葵涌坝光管理区的银叶树林 3.61 km^2、东涌红树林 1.96 km^2、西涌沙岗香蒲桃林 0.6 km^2 和大鹏街道及南澳街道的西部山地约 42.57 km^2。

5.2.1 地质地貌

大鹏半岛区内出露的岩性主要为沉积岩类，包括早石炭世、晚三叠世、早侏罗世、晚侏罗世、早白垩世、晚白垩世等时代的地层；在南部和北部边缘外围出露少量花岗岩类，为燕山期第三期侵入岩。

区内高于 500 m 的山峰不到 10 座，多数山峰位于海拔 300~500 m 之间，同时还有较多海拔在 100~200 m 之间的低丘，整体上属于较为典型的中低山地貌。北半岛的排牙山海拔 707 m，是深圳市第六高峰，呈东北—西南走向，颇似一排牙齿，山名即因此而来。南半岛的七娘山又包括两部分，西南部属于大鹏半岛保护区，东北部属于七娘山地质公园，区内最高峰海拔 867 m，为深圳市第二高峰。

岩性和构造的不同，导致了大鹏半岛的地形较为复杂多样。岩性较软的泥质页岩和砂质页岩易遭风化侵蚀，形成以低山和低丘为主的地形，且往往坡度较缓，土层较厚，经长期的开发利用，多为人工林或荔枝园，在部分地段还残留南亚热带低地或沟谷常绿阔叶林，上层乔木树种以臀果木、黄桐、红鳞蒲桃、假苹婆及榕树等为代表。岩性较硬的砾岩、砂岩及花岗岩等，抗蚀性较强，常常形成较为高大陡峭的山峰。各山峰由于切割作用和重力崩塌作用，形成较多沟谷，为区内各水库提供了水源。

5.2.2 土壤

大鹏半岛的土壤主要由变质岩类风化发育形成，土层厚度在 1 m 以内。地表植被保存较好，腐殖层厚度在 6~10 cm 之间。土壤剖面中石砾含量高，土壤总孔隙度偏小，但通气孔隙比例适中。土壤质地为中壤土或重壤土。土壤呈强酸性反应，交换性酸度大。土壤有机质含量、全氮含量中等，碱解氮、速效磷含量水平很低。土壤活性酸度由表土往下逐渐下降，交换性酸度则刚好相反；有机质、全氮含量由表层土壤往下呈下降趋势。本区代表性土壤类型为赤红壤，同时还具有一定的垂直分布规律，由低至高依次为赤红壤→山地红壤→山地黄壤→草甸土。

5.2.3 气候

大鹏半岛属南亚热带海洋性季风气候区，四季温和，雨量充沛，日照时间长。夏季受东南季风的影响，高温多雨；冬季受东北季风以及北方寒流的影响，干旱稍冷。全年平均温度为 22.4 ℃，最高温度 36.6 ℃，最低温度 1.4 ℃，平均降雨量 1 948.4 mm。排牙山北、东、南三面濒海，故该地区常年海风较大，以东南风向为主。主峰南坡由于正对风向，故蒸发量较大，与北坡相比较为干旱，原生植被被破坏后，次生植被往往以硬性灌木林为主，并进一步发展到以大头茶占优势的乔木林；而主峰北坡则发育和保存了较为典型的南亚热带常绿阔叶林。总体而言，大鹏半岛区的气候条件较为优越，为植物的生长提供了良好的生态环境。

5.2.4 水文

大鹏半岛地区地形复杂，地貌类型多样，以中低山地为主，沟壑纵横，分布着多个中小型人工水库，是深圳市重要的水源涵养区之一，地表水主要以溪流、水塘和水库等形式分布。区内溪流众多，汇合或直接注入水库，也有部分溪流流入大海。较大的水库主要有径心水库、打马坜水库、岭澳水库、盐灶水库、坝光水库、罗屋田水库、大坑水库、香车水库等。

溪流水量随降雨季节变化明显，4—9 月为丰水期，10 月至翌年 3 月为枯水期，雨季地表径流顺坡而下，流量大增；旱季缺乏地表径流补给，流量减少，部分溪流甚至断流。

5.2.5 植被概况

大鹏半岛自然保护区范围内的天然植被为次生常绿阔叶林，优势及代表性植被为南亚热带低山常绿阔叶林，尤以浙江润楠+鸭公树-鸭脚木+亮叶冬青-银柴+九节群落和浙江润楠+鸭脚木-亮叶冬青+假苹婆-鼠刺群落保存最为完好。植被主要特征为：①自然植被保存较好，类型丰富，优势种类较丰富。②主峰南北两侧的植被差异明显。③垂直分布现象较为明显。大鹏半岛地区处于北回归线以南、亚洲热带北缘，为南亚热带的过渡地带。④维管植物 208 科 806 属 1 528 种。其中野生维管植物 200 科 732 属 1 372 种，包括：蕨类植物 40 科 72 属 124 种，裸子植物 4 科 4 属 5 种，被子植物 156 科 656 属 1 243 种。各类保护植物及珍稀濒危植物 49 种，隶属于 26 科 44 属，且蕴藏着比较丰富的资源植物。植物区系以热带、亚热带科属成分为主，属于华夏植物区系。另 3 处独立小区亦已划归大鹏半岛自然保护区。

1. 坝光古银叶树林

银叶树群落位于盐灶村，具有悠久的历史。银叶树（*Heritiera littoralis*）的林龄已有数百年，是我国目前发现的最古老、现存面积最大、保存最完整的两片古银叶树林群落之一。树群占地面积 5.3 hm^2，直径大于 20 cm 的约有 100 棵，其中树龄 100 年以上的银叶树有 27 株，500 年以上的银叶树有 1 株，且林相完整，是较为典型的半红树林群落。

2. 东涌红树林群落

东涌近 20 hm^2 的红树林群落，在七娘山下泻的河湖口，主要种类有海漆（*Excoecaria agallocha*）、秋茄（*Kandelia candel*）、老鼠簕（*Acanthus ilicifolius*）、白骨壤（*Avicennia marina*）、木榄（*Bruguiera gymnorrhiza*）等。

3. 西涌香蒲桃林群落

西涌沙岗香蒲桃林属于南亚热带低地常绿阔叶林，是残存的"风水林"，香蒲桃为该群落的单优乔木种。该群落面积达 20 hm^2。如此大面积的香蒲桃纯林在深圳市是唯一的，在珠三角地区也是绝无仅有，具有极高的保护价值和科研价值。

5.3 深圳七娘山国家地质公园

七娘山国家地质公园位于深圳市大鹏半岛的南半岛，其东北部、东南部属地质公园范围，介于北纬 22°29′～22°33′，东经 114°31′～114°37′，总面积 106.7 km^2。其三面环海，东靠大亚湾，与惠州市惠阳区部分岛屿隔海相对，西隔大鹏湾与香港新界相望，南部是我国的南海海域。

在大地构造上，大鹏半岛属于震旦纪华南地台的一部分。从侏罗纪末期到早白垩纪，地壳运动加剧，燕山运动使华南地台较为活跃，有广泛的花岗岩侵入，及以流纹岩为主的火山岩喷发，七娘山地貌的轮廓即在这个时期形成。早全新世中期，气候变暖，全球发生冰后期海侵；至中全新世初期，海面上升至今日海平面位置，七娘山的地貌基本形成。

七娘山由两条山脊构成，一条是七娘山山脊—老虎地—雷公打石—东风岭；另一条山脊大致从西向东延伸，由磨郎钩—川螺石—三角山—大燕顶组成，山峰大多高于 600 m。七娘山地质地貌类型多样，环境复杂。目前在七娘山山脚已建成国家地质博物馆。

七娘山国家地质公园地带性土壤属于赤红壤、红壤和冲积土；土壤的酸性较大，土质黏重。

赤红壤多见于海拔300 m以下的丘陵地带，这些地带多生长着南亚热带山地常绿阔叶林及多种灌丛和草本群落；海滨沙滩上的冲积土多生长着红树林群落。

七娘山水系主要有3个流域，即新大河流域、东冲河流域和杨梅河流域，其中杨梅河流域最大，分支最多。境内所有河流均属于山区河流，为雨水补给型。河流短小，河道陡，水流急，水量随气候干湿季节变化而变化。

七娘山国家地质公园植被种类丰富，具有较强的热带性。全区森林茂盛，保存着近50年未经人为破坏的常绿阔叶林。生态系统类型多样，既有南亚热带典型的森林生态系统，亦有沿海地区特有的红树林湿地生态系统，保存着各类珍稀濒危保护植物66种，包括桫椤、金毛狗、毛茶、乌檀、粤紫萁、苏铁蕨、水蕨、樟木、大苞白山茶、中华双扇蕨、多花蓬莱葛等。

5.4 深圳田头山市级自然保护区

深圳田头山自然保护区位于深圳坪山新区坪山街道，东北邻惠州市，东南接葵涌街道办事处，距离深圳市中心32 km。保护区的规划面积为20 km^2，包括田心村、田头村、石井村、南布村、江岭村、金龟村等的自然山体。地理位置为北纬22°38′～22°43′，东经114°18′～114°27′，海拔0～683 m。

田头山自然保护区地貌类型主要为低山，出露的地层主要为下侏罗统金鸡组和桥源组以及上侏罗统高基坪群火山岩。田头山土壤以红壤和赤红壤为主，多呈酸性，成土母岩为花岗岩，土壤条件良好，土层深厚，温湿疏松。

田头山自然保护区亦属南亚热带海洋性季风气候区。其水资源丰富，水库密布，是深圳市重要的水源涵养区之一。地表水主要以溪流、水塘和水库等形式分布。主要水库有大山陂水库、赤坳水库、田心水库、石坳水库、杨木坑水库、大门前水库、矿山水库和麻雀坑水库等。溪流水量随降雨季节变化明显，4—9月为丰水期，10月至翌年3月为枯水期，雨季地表径流顺坡而下，流量大增；旱季缺乏地表径流补给，流量减少，部分溪流甚至断流。

田头山自然植被有南亚热带沟谷常绿阔叶林、南亚热带山地常绿阔叶林、南亚热带针-阔叶混交林、南亚热带次生常绿灌木林等类型。其中，中国特有植物多达302种，广东特有种有10多种。各类国家珍稀濒危植物45种，包括国家Ⅱ级重点保护野生植物7种，省级保护植物1种；另外，根据IUCN物种红色名录，濒危级植物有7种，易危植物有37种。同时，香港油麻藤、华南马鞍树、佳氏苣苔等都是广东南部沿海地区的特有种，分布范围十分狭小，在田头山地生长良好。此外，部分珍稀植物形成优势特色群落，如黑桫椤群落、苏铁蕨群落、金毛狗群落、佳氏苣苔群落等。

5.5 深圳马峦山郊野公园

马峦山地区位于深圳市东郊，南临大鹏湾，包括盐田区东北面的马峦山以及盐田区的大部分山地（梧桐山除外），地理位置为北纬22°37′～22°39′，东经114°17′～114°22′，面积50 km^2。

马峦山地区出露的岩石主要为燕山期的肉红色中粗粒黑云母花岗岩、灰白色中粒花岗闪长岩，花岗结构，常夹石英脉和包体发育有多组节理。在燕山运动和喜马拉雅造山运动的推动下，马峦山地区逐渐抬升，伴随着不断的侵蚀作用，逐渐形成了现今马峦山多级山地的地形特征，从而也造就了马峦山山地多级瀑布群的形成。

马峦山地区气候类型属南亚热带季风气候区，日照充足，热量丰富，终年平均气温22.5 ℃。马峦山地区土壤的多样性比较显著，基本包括了深圳所有的土壤类型，可分为赤红壤、红壤、黄壤和滨海砂土。

马峦山地区水资源特别丰富，较大的水库有赤坳水库、红花岭水库（上、下）、三洲田水库、大山陂水库等；河流有赤坳河、红花岭河、径子河等；瀑布有龙潭瀑布、马峦瀑布等；此外还有多条溪流。马峦山地区的河流溪流属于东江流域的坪山河流域，也有一些小溪流入深圳湾。

马峦山地区植被以热带、亚热带的科、属、种为主,目前植被覆盖较好,既有保存较好的南亚热带沟谷常绿阔叶林,也有较大面积的南亚热带低地常绿阔叶林;一些原来受到人为干扰的灌丛、草坡也已经逐步得到恢复。各类国家珍稀濒危重点保护植物46种,如苏铁蕨、金毛狗(Cibotium barometz)、穗花杉(Amentotaxus argotaenia)、土沉香(Aquilaria sinensis)、樟树(Cinnamomum camphora)、半枫荷(Semiliquidambar cathayensis)、白桂木(Artocarpus hypargyreus)、青钩栲(吊皮锥,Castanopsis kawakamii)等,以及兰科植物共15种。

5.6 中科院深圳仙湖植物园

仙湖植物园位于深圳市罗湖区东郊的莲塘仙湖路,东倚梧桐山,西临深圳水库,占地546 hm^2。该园集植物收集、研究、科学知识普及和旅游观光休闲于一体,是中国植物科学研究,特别是大规模引种驯化研究的重要基地之一。

仙湖植物园地处亚热带季风性气候区,夏季高温多雨,冬季温和少雨,夏季长达6个月,春秋冬三季气候温暖。园区内植物资源丰富,共保存植物约8 000种,建有苏铁保存中心、木兰园、珍稀树木园、棕榈园、竹区、阴生植物区、沙漠植物区、百果园、水生植物园、桃花园、裸子植物区、盆景园等21个植物专类园。

珍稀树木园中共收集珍稀名贵树木100余种,珍稀濒危植物100余种,其中包括国家一级保护植物银杉、秃杉、水杉、银杏、南方红豆杉、金钱松、沉水樟、金花茶、见血封喉、降香黄檀、秤锤树等。该园还繁育了大量珍稀苗木,如土沉香、青梅等苗木数万株。

5.7 深圳大亚湾大辣甲岛

大辣甲岛地理位置为北纬22°34′,东经114°38′,位于广东省惠州市惠阳区辣甲列岛中部,是辣甲列岛的主岛,西南距大鹏半岛高山角4.7 km,面积1.74 km^2,海岸线长12.54 km。岛形狭长不规则,西北至东南走向,由基岩构成,岛上地势起伏,由3座山丘呈西北至东南向排列,北部最高,海拔111.6 m;南部次之,海拔105.1 m;中部山丘较低,海拔约90 m。岛表层为黄沙黏土,有茂盛的乔木、灌木、草丛群落,植被覆盖率约80%,淡水较多。海岸曲折,沿岸多岩石浅滩,东北角、南部西面与东面海中有石珊瑚分布,覆盖率达36%。西侧南湾为大型船只避风锚地,附近水深4~16 m。

5.8 广东省内伶仃福田国家级自然保护区

广东省内伶仃福田国家级自然保护区包括两个部分,一是内伶仃岛猕猴自然保护区,二是福田红树林自然保护区。

5.8.1 福田红树林保护站

福田红树林湿地位于深圳湾东北部,长约9 km,平均宽度约0.7 km,地理坐标为北纬22°32′,东经113°45′,总面积约为368 hm^2,与拉姆萨尔国际重要湿地——香港米埔保护区同处于深圳湾,是全国唯一一处于城市腹地的国家级自然保护区。

红树林是生长在热带亚热带海岸潮间带的一类特殊的木本生物群落,具有重要的生态学功能。红树林不仅为人类防风防浪、护堤抗潮,同时又能净化大气和水体环境,具有丰富的生物多样性,为生物的栖息、觅食提供了良好的环境。福田红树林区内有高等植物约172种,其中红树植物9科16种,主要是秋茄、木榄、桐花树、白骨壤、海漆和鱼藤等。福田红树林湿地鸟类约194种,其中包括黑脸琵鹭、海鸬鹚等23种珍稀濒危鸟类。每年有成千上万只迁徙候鸟在此歇脚或过冬,是国际候鸟迁徙途中的重要驿站。

福田红树林保护区的科学研究和生态监测开展良好。特别是自2005年开始,保护区内设置了4个监测样带或监测点,分别为观鸟亭、基围鱼塘、凤塘河口和沙嘴码头,监测内容涵盖了植物与植被、水质、浮游生物、大型底栖动物、昆虫和鸟类等，从而也为持续的科学研究、生态保护和管理提供了有利条件。

5.8.2　内伶仃岛猕猴自然保护站

内伶仃岛位于珠江口伶仃洋东侧，东西两岸分布着深圳、珠海、香港、澳门四城市，东距香港9 km，西距珠海30 km，北距深圳蛇口17 km。内伶仃岛地理位置为北纬22°24′～22°26′，东经113°47′～113°49′之间，面积为554 hm²。内伶仃岛植被、植物区系与深圳陆岸相似，以热带－亚热带成分为主。

内伶仃岛是一个大陆性岛屿，地质特征与深圳陆岸非常相似，据分析其四周的海陆下陷是第四纪时期才发生的，其岩性组成主要有震旦纪变质岩、燕山期花岗岩和花岗长岩，还有少量的第四纪洪、坡积和海积而成的松散沉积物。内伶仃岛也是一个丘陵海岸基岩岛，地势东高西低，最高的尖峰山海拔340.9 m。岛内地势起伏较大，坡度在20°～50°之间，局部岩石裸露，怪石嶙峋，海岸线长约11 km。

保护区属南亚热带海洋性季风气候区。全年平均气温22.4 ℃，1月份气温最低，月平均气温14.1 ℃。

地带性土壤为赤红壤，还有海滨砂土、石质土和耕作土。全岛淡水水源较为充足，成为常年有溪流存在的岛屿。地表径流分布于水湾、东湾、焦坑湾、东角嘴、东角山东南坡等6处。地下水主要出露于南湾和北湾两口人工井中，枯水期储水量为194 m³。

内伶仃岛植被覆盖率在94%以上，森林覆盖率亦超过60%。地带性植被为南亚热带常绿阔叶林，并保存着南亚热带针阔叶混交林（马尾松林）。

岛上有野生维管植物194科520属814种。森林群落的主要优势种有：樟科的短序润楠、潺槁，梧桐科的假苹婆，桑科的白桂木，棕榈科的刺葵。灌木层主要有桃金娘、九节、广东大沙叶、豺皮樟、牛耳枫，局部地段还有棕竹等。草本层以华山姜、土麦冬、蜈蚣草等为主；层间藤本植物较多，以番荔枝科的巨大木质藤本紫玉盘、山椒子为主，还有飞龙掌血、龙须藤、刺果藤、小叶买麻藤、大石蒲藤、藤黄檀、白藤等。内伶仃岛国家Ⅱ级野生保护植物主要有：黑桫椤、水蕨、白桂木、野生荔枝和野生龙眼等。

附录1 中文科名索引

A
安息香科 125

B
八角科 57
芭蕉科 112
菝葜科 17、36、123
白花菜科 25
百合科 35、62
百岁兰科 16
柏科 13
半边莲科 42

C
草海桐科 65、104
茶藨子科 58
菖蒲科 56
车前科 118
唇形花科 29、53、59、107
刺篱木科 40
粗榧科 14
酢浆草科 40

D
大戟科 21、36、46、50、53、66、67、76、101
大血藤科 63
蝶形花科 54、67、80、116
冬青科 80、92
豆科 18、24、31、33、70、72、73
杜鹃花科 55、57、58、61
杜英科 44、100
椴树科 126

F
番荔枝科 27、45、48、91
防己科 19、36、46、110

凤梨科 26
凤尾蕨科 90
凤仙花科 41、80

G
橄榄科 47

H
海金沙科 9
海榄雌科 127
海桑科 65
含羞草科 43、110
禾本科 50、53、57、72、104
红豆杉科 14、15、79
红树科 46、64、119
胡椒科 41、69
胡桃科 33、106
胡颓子科 31
葫芦科 16、25、37、80、99
虎耳草科 68
槐叶苹科 11

J
槲寄生科 108
槲蕨科 69
夹竹桃科 20、21、75、91
姜科 29、47、129
交让木科 99
金缕梅科 53、54、58、61、74、106
金毛狗科 78
金粟兰科 96
金星蕨科 90
堇菜科 39
锦葵科 66、109
景天科 57
桔梗科 23
菊科 22、28、43、59、60、72、73、76、97

爵床科 24、51、69、90
蕨科 8

K
壳斗科 27、30、52、58、103
苦苣苔科 52、54、63、81、104
苦木科 75

L
兰科 52、56、81、82、114
藜科 39、75
里白科 71
楝科 33
蓼科 16、30、39、118
列当科 115
鳞始蕨科 89
柳叶菜科 42、72
龙胆科 62、103
卤蕨科 88
露兜树科 26、32、47
罗汉松科 14
萝藦科 20、23、48、52、55、60、67、94

M
麻黄科 15
马鞭草科 29、34、45、65、66、127
马齿苋科 41、43
马兜铃科 18、41
马钱科 20、58、108
买麻藤科 15、79
毛茛科 19、39
猕猴桃科 45、61、68
木兰科 51、108
木麻黄科 66
木通科 19
木犀科 35、60
木贼科 7

N

南洋杉科　14
牛栓藤科　33、98

P

苹科　11
葡萄科　17、34、37、129

Q

漆树科　33、55、91
槭树科　27、55、81
千屈菜科　73
茜草科　32、43、47、48、50、
　　　　 55、68、77、81、119
蔷薇科　26、30、40、43、55、
　　　　 59、61
茄科　23、124
清风藤科　122
秋海棠科　94

R

忍冬科　56、57
瑞香科　28、48、80、125

S

三白草科　61
三叉蕨科　88
三尖杉科　14
伞形花科　26、29
桑寄生科　70
桑科　19、20、26、48、68、74、
　　　 80、110
莎草科　42、99
山茶科　44、45、50、53、63、
　　　　 71、76、125

山矾科　124
山柑科　41
山榄科　54
山柚子科　114
山茱萸科　61
杉科　13、75
商陆科　39、72
蛇菰科　71、94
省沽油科　45、62
十字花科　25、39、76
石蒜科　90
石竹科　39、59
柿树科　100
鼠李科　32、47、58、60
薯蓣科　17、35、100
水蕨科　78
水龙骨科　10、69、89
松科　12
苏木科　74、95
苏铁科　12、78
桫椤科　10、78

T

檀香科　71、122
桃金娘科　46、49、71、114
藤黄科　21、49、105
天料木科　42
天南星科　23、70、93
田葱科　118
铁角蕨科　68、89
铁线蕨科　9、88

W

卫矛科　18、95
乌毛蕨科　9、10、78、89

无患子科　33、44、81、123
梧桐科　27、53、65、124
五加科　31、34、54、58、62、93
五列木科　51
五桠果科　41

X

西番莲科　16、43
仙人掌科　77
苋科　30、41、72、73
小二仙草科　40、42
绣球花科　62、106
玄参科　29、45、56、123
旋花科　67、73
荨麻科　23、43、127

Y

鸭跖草科　70、96
杨梅科　56
野牡丹科　35、49、52、63、109
银杏科　12
榆科　126
远志科　24、39、49
芸香科　25、26、28、31、47、
　　　　 50、74、81、121

Z

粘木科　80、106
樟科　27、40、44、46、48、51、
　　　 57、79、107
紫草科　47、62、95
紫金牛科　19、46、49、64、68、
　　　　　 112
紫杉科　14
棕榈科　32、47、116

附录2 拉丁文科名索引

A

Acanthaceae 24、51、69、90
Aceraceae 27、55、81
Acoraceae 56
Acrostichaceae 88
Actinidiaceae 45、61、68
Adiantaceae 9、88
Amaranthaceae 30、41、72、73
Amaryllidaceae 90
Anacardiaceae 33、55、91
Annonaceae 27、45、48、91
Apocynaceae 20、21、75、91
Aquifoliaceae 80、92
Araceae 23、70、93
Araliaceae 31、34、54、58、62、93
Araucariaceae 14
Aristolochiaceae 18、41
Asclepiadaceae 20、23、48、52、55、60、67、94
Aspleniaceae 68、89
Avicenniaceae 127

B

Balanophoraceae 71、94
Balsaminaceae 41、80
Begoniaceae 94
Blechnaceae 9、10、78、89
Boraginaceae 47、62、95
Bromeliaceae 26
Burseraceae 47

C

Cactaceae 77
Caesalpiniaceae 74、95

Campanulaceae 23
Capparaceae 41
Cappriaceae 25
Caprifoliaceae 56、57
Caryophyllaceae 39、59
Casuarinaceae 66
Celastraceae 18、95
Cephalotaxaceae 14
Chenopodiaceae 39、75
Chloranthaceae 96
Commelinaceae 70、96
Compositae 22、28、43、59、60、72、73、76、97
Connaraceae 33、98
Convolvulaceae 67、73
Cornaceae 61
Crassulaceae 57
Cruciferae 25、39、76
Cucurbitaceae 16、25、37、80、99
Cupressaceae 13
Cyatheaceae 10、78
Cycadaceae 12、78
Cyperaceae 42、99

D

Daphniphyllaceae 99
Dicksoniaceae 78
Dilleniaceae 41
Dioscoreaceae 17、35、100
Drynariaceae 69

E

Ebenaceae 100
Elaeagnaceae 31
Elaeocarpaceae 44、100

Ephedraceae 15
Equisetaceae 7
Ericaceae 55、57、58、61
Euphorbiaceae 21、36、46、50、53、66、67、76、101

F

Fabaceae 18、24、31、33、70、72、73
Fagaceae 27、30、52、58、103
Flacourtiaceae 40

G

Gentianaceae 62、103
Gesneriaceae 52、54、63、81、104
Ginkgoaceae 12
Gleicheniaceae 71
Gnetaceae 15、79
Goodeniaceae 65、104
Gramineae 50、53、57、104
Grossulariaceae 58
Guttiferae 21、49、105

H

Haloragidaceae 40、42
Hamamelidaceae 53、54、58、61、74、106
Hydrangeaceae 62、106

I

Illiciaceae 57
Ixonanthaceae 80、106

J

Juglandaceae 33、106

138

L

Labiatae 29、53、59、107
Lardizabalaceae 19
Lauraceae 27、40、44、46、
　　48、51、57、79、
　　107
Liliaceae 35、62
Lindsaeaceae 89
Lobeliaceae 42
Loganiaceae 20、58、108
Loranthaceae 70
Lygodiaceae 9
Lythraceae 73

M

Magnoliaceae 51、108
Malvaceae 66、109
Marsileaceae 11
Melastomataceae 35、49、52、
　　63、109
Meliaceae 33
Menispermaceae 19、36、46、
　　110
Mimosaceae 43、110
Moraceae 19、20、26、48、
　　68、74、80、110
Musaceae 112
Myricaceae 56
Myrsinaceae 19、46、49、64、
　　68、112
Myrtaceae 46、49、71、114

O

Oleaceae 35、60
Onagraceae 42、72
Opiliaceae 114
Orchidaceae 52、56、81、82、
　　114
Orobanchaceae 115
Oxalidaceae 40

P

Palmae 32、47、116
Pandanaceae 26、32、47
Papilionaceae 54、67、80、116
Parkeriaceae 78
Passifloraceae 16、43
Pentaphylacaceae 51
Philydraceae 118
Phytolaccaceae 39、72
Pinaceae 12
Piperaceae 41、69
Plantaginaceae 118
Poaceae 72
Podocarpaceae 14
Polygalaceae 24、39、49
Polygonaceae 16、30、39、118
Polypodiaceae 10、69、89
Portulacaceae 41、43
Pteridaceae 90
Pteridiaceae 8

R

Ranunculaceae 19、39
Rhamnaceae 32、47、58、60
Rhizophoraceae 46、64、119
Rosaceae 26、30、40、43、
　　55、59、61
Rubiaceae 32、43、47、48、
　　50、55、68、77、
　　81、119
Rutaceae 25、26、28、31、
　　47、50、74、81、
　　121

S

Sabiaceae 122
Salviniaceae 11
Samydaceae 42
Santalaceae 71、122
Sapindaceae 33、44、81、123
Sapotaceae 54
Sargentodoxaceae 63
Saururaceae 61
Saxifragaceae 68
Scrophulariaceae 29、45、56、
　　123
Simaroubaceae 75
Smilacaceae 17、36、123
Smyplocaceae 124
Solanaceae 23、124
Sonneratiaceae 65
Staphyleaceae 45、62
Sterculiaceae 27、53、65、
　　124
Styracaceae 125

T

Taxaceae 14、15、79
Taxodiaceae 13、75
Tectariaceae 88
Theaceae 44、45、50、53、
　　63、71、76、125
Thelypteridaceae 90
Thymelaeaceae 28、48、80、
　　125
Tiliaceae 126

U

Ulmaceae 126
Umbelliferae 26、29
Urticaceae 23、43、127

V

Verbenaceae 29、34、45、65、
　　66、127
Violaceae 39
Viscaceae 108
Vitaceae 17、34、37、129

W

Welwitschiaceae 16

Z

Zingiberaceae 29、47、129

附录3 中文学名索引

A

阿丁枫 53、74
阿拉伯婆婆纳 56
暗色菝葜 124
凹叶冬青 92
凹叶红豆 117

B

巴豆 101
菝葜 123
白背算盘子 102
白豆杉 15
白粉藤 129
白骨壤 65、127
白桂木 21、80、111
白果香楠 55
白花地胆草 97
白花苦灯笼 48
白花龙 125
白花蛇舌草 120
白花酸藤子 19
白花悬钩子 30
白花油麻藤 70
白接骨 69
白簕花 62
白颜树 126
百岁兰 16
柏拉木 52
板蓝 51
半边旗 90
薜荔 21、111
扁担藤 34、129
变叶榕 112
变叶树参 94
滨海槭 27、55
滨海月见草 67、72
驳骨丹 108
舶梨榕 112

薄叶红厚壳 105

C

苍白秤钩风 110
草豆蔻 129
草海桐 65、104
草胡椒 41
草麻黄 15
草珊瑚 96
侧柏 13
豺皮樟 27
长刺楤木 31
长花厚壳树 47
长茎羊耳蒜 82、115
长蒴母草 123
长叶铁角蕨 68
长叶柞木 40
常山 68、106
橙黄玉凤花 56、82
秤钩风 110
池杉 75
赤楠 71
赤楠蒲桃 46
稠 58
穿鞘花 96
垂穗石松 6
春云实 95
唇柱苣苔 104
刺果苏木 31
刺蒴麻 126
刺桐 31
粗叶木 43
粗叶榕 111

D

大苞鸭跖草 97
大茶药 58
大车前 118
大花枇杷 61

大花紫薇 73
大罗伞树 113
大青 128
大头茶 71
大尾摇 95
大血藤 63
大叶臭花椒 31
大羽铁角蕨 89
单叶蔓荆 66
单叶新月蕨 90
淡竹叶 53
当归藤 46
地稔 35
地桃花 109
吊灯花 94
吊钟花 61
东风草 29
豆梨 59
毒根斑鸠菊 98
独子藤 96
杜虹花 128
杜茎山 113
短小蛇根草 120
短序润楠 107
断肠草 20、58
对叶榕 68、111
多花脆兰 114
多花勾儿茶 38、58
多花山竹子 21
多花野牡丹 35
多脉酸藤子 113

E

鹅肠菜 59
鹅掌柴 94
耳叶柃 44
耳叶马兜铃 41
二列叶柃 45

F

繁缕 39
饭甑青冈 103
芳香石豆兰 81
飞龙掌血 50
飞扬草 21、101
粉背菝葜 17
粉叶轮环藤 36
粪箕笃 36
枫香 58
凤凰木 74
佛甲草 57
佛手瓜 25
伏石蕨 89
福建胡颓子 31
福建莲座蕨 8
福建青冈 52

G

橄榄 47
岗松 49
杠板归 30、39
高斑叶兰 82、115
革命菜 76
革叶铁榄 54
葛 117
钩藤 32
钩吻 20
狗骨柴 119
狗脊蕨 9
瓜馥木 37、45
冠盖藤 62
广东隔距兰 81、114
广东蔷薇 30
广东琼楠 40、79
广东西番莲 16
广东紫珠 128
广防风 29

广寄生 70
广州槌果藤 41
鬼灯笼 128
鬼针草 97

H

海滨槭 81
海刀豆 67
海岛藤 52、67
海金沙 9
海榄雌 65、127
海杧果 75
海南草海桐 104
海漆 66、102
海桑 65
海芋 23、93
含笑 51
含羞草 43
韩信草 107
蔊菜 25、39
蒿 28
荷木 53
黑面神 22
黑莎草 42
横经席 37、105
红背山麻杆 101
红冬蛇菰 94
红花酢浆草 40
红花羊蹄甲 74
红鳞蒲桃 114
红毛草 72
红丝线 124
红紫珠 128
猴耳环 34
猴欢喜 44
厚皮香八角 57
厚藤 67
厚叶算盘子 102
厚叶铁线莲 39
葫芦茶 118
花椒簕 25、121
华凤仙 41
华马钱 108
华南胡椒 41

华南龙胆 104
华南忍冬 56
华南省藤 47
华南星蕨 69
华南云实 24、95
华南皂荚 95
华南紫萁 8
华润楠 108
华山矾 124
华山姜 47
华重楼 35
槐叶苹 11
黄独 17、35
黄果厚壳桂 40
黄花倒水莲 24、39
黄花夹竹桃 21
黄花小二仙草 42
黄槿 66、109
黄毛榕 31、58
黄毛猕猴桃 61
黄毛五月茶 46
黄牛木 105
黄杞 33、106
黄绒润楠 51
黄桐 101
黄樟 27、48、79
幌伞枫 54
灰毛大青 128
火力楠 108

J

鸡骨香 101
鸡矢藤 120
鸡眼藤 120
积雪草 29
蕺菜 61
寄生藤 122
檵木 61
假臭草 73
假蒟 69
假马鞭 45
假苹婆 27、124
假柿木姜子 44
假鹰爪 27、48
假玉桂 126

尖山橙 20
见血青 82、115
江南星蕨 69
角花乌蔹莓 17、34
绞股蓝 80、99
接骨草 57
节节草 7
截叶铁扫帚 117
金疮小草 59
金毛狗 78
金钱豹 23
金线草 118
金线吊乌龟 46
金樱子 30、55
堇菜 39
九节 68、121
九里香 74
酒饼簕 28
聚花草 70、97
蕨 9

K

看麦娘 57
柯 58
空心莲子草 73
空心泡 40
苦郎树 66
苦楝 33
筐条菝葜 123
阔片乌蕨 89
阔叶丰花草 119

L

蜡烛果 64
郎伞木 113
老鼠簕 90
簕欓花椒 121
簕古子 47
簕仔树 72
棱果花 63
鳢肠 58
李 26
鳢肠 97
帘子藤 20

莲座紫金牛 113
楝叶吴茱萸 25、122
两广梭罗 53
两面针 31、121
两粤黄檀 116
了哥王 28、48
裂叶秋海棠 94
岭南椆 30
岭南山竹子 21、49
岭南柿 100
柃叶连蕊茶 125
流苏子 119
瘤果槲寄生 108
柳叶五月茶 101
龙须藤 18、95
龙眼 33、81、123
龙珠果 43
芦苇 105
卤蕨 88
露兜簕 26、32
罗浮买麻藤 79
罗浮柿 100
罗汉果 25
罗汉松 14
罗伞树 68、113
络石 21、38
落瓣短柱茶 125
落羽杉 75

M

马鞍藤 67
马齿苋 41
马㼎儿 16
马甲子 32、60
马兰 60
马蓝 24、51、69
马尾松 12
满江红 11
蔓赤车 127
蔓九节 121
蔓生莠竹 105
芒毛苣苔 52
芒萁 71
猫尾草 118

毛草龙 42
毛茶 81
毛冬青 92
毛萼清风藤 122
毛果巴豆 101
毛果算盘子 102
毛棉杜鹃 55
毛稔 109
毛麝香 29、123
毛相思子 116
毛叶嘉赐树 42
毛锥 103
梅叶冬青 92
美丽胡枝子 117
美丽鸡血藤 34
美洲商陆 72
孟仁草 104
米碎花 44
密花树 49
密毛乌口树 48
闽粤石楠 59
磨盘草 109
木菠萝 26、74
木防己 19
木榄 46、64
木麻黄 66
木油桐 21、76

N

南方红豆杉 14
南方碱蓬 39
南美山蚂蝗 117
南蛇棒 93
南洋杉 14
楠藤 120
牛白藤 38
牛耳枫 99
牛角瓜 25
牛筋草 105
牛皮消 60
糯米团 23、127

P

排钱草 54

枇杷叶紫珠 128
苹 11
瓶尔小草 7
破布木 95
葡蟠 19、111
蒲桃 114
朴树 126

Q

荠菜 25、76
千里光 98
茜树 48
青冈 27、52
青果榕 111
青江藤 18、96
青榨 72
清香藤 35
秋枫 53
秋茄 64、119
曲枝假蓝 51
全缘栝楼 37
雀梅藤 32

R

韧荚红豆 80
日本水龙骨 10
绒毛山胡椒 57
绒楠 108
柔弱斑种草 62
软荚红豆 24
锐尖山香园 45

S

三叉蕨 88
三花冬青 92
三尖杉 14
三裂叶蟛蜞菊 22
三脉马钱 20
三桠苦 28、47
莎萝莽 49
山苍子 44
山橙 75
山杜英 100
山柑藤 114

山黄麻 126
山菅兰 38
山姜 129
山橘 26、81、122
山牡荆 34
山石榴 32、50
山乌桕 22、103
山小橘 122
山油柑 26、122
杉木 13
珊瑚菜 26
珊瑚蓼 16
珊瑚树 56
扇叶铁线蕨 88
商陆 39
少花龙葵 23
蛇菰 71
深绿卷柏 6
深山含笑 51
肾叶天胡荽 26
胜红蓟 22
石斑木 61
石笔木 63
石菖蒲 56
石柑子 70、93
石胡荽 43
石上莲 63
石韦 90
石仙桃 82、115
匙羹藤 48
疏花卫矛 96
鼠刺 58
薯莨 17、100
薯蓣 35
栓叶安息香 125
双片苞苔 63
水东哥 45、68
水蕨 78
水松 13
水蓑衣 90
水团花 50
水翁蒲桃 49
四川轮环藤 36
松叶蕨 5

苏铁 12
苏铁蕨 10、78
酸藤子 19
算盘子 102
穗花杉 15、79
穗状狐尾藻 40
桫椤 10、78

T

台湾榕 111
台湾相思 73
檀香 71
桃金娘 49、71
桃叶珊瑚 61
藤槐 18、24、70
藤黄檀 18、116
天料木 42
天香藤 110
天星藤 20、55
田葱 118
甜麻 126
铁冬青 92
铁线蕨 9
铁线莲 19
通城虎 18
桐花树 64
铜锤玉带草 42
透茎冷水花 23
土沉香 28、80、125
土茯苓 17、124
土荆芥 75
土麦冬 62
土蜜树 50
土人参 43

W

娃儿藤 23
莨芝 48
薇甘菊 72
文殊兰 91
乌材 100
乌饭树 57
乌桕 22、103
乌毛蕨 89

乌药 107
无瓣海桑 65
无根藤 46
无患子 44
五节芒 50
五列木 51
五月茶 101
五爪金龙 73
雾水葛 43

X

锡叶藤 41
狭叶假糙苏 53
狭叶山黄麻 126
仙湖苏铁 12、78
仙人掌（花） 77
纤花冬青 80、92
线叶虾钳菜 41
腺叶桂樱 43
香港带唇兰 82、115
香港凤仙花 80
香港瓜馥木 91
香港黄檀 117
香港双蝴蝶 62
香港算盘子 102
香花枇杷 26
小果菝葜 36
小槐花 117
小蜡 60
小叶红叶藤 33、92

小叶买麻藤 15
肖菝葜 17、36
肖梵天花 109
秀柱花 54
锈毛莓 30、40
许树 66
血桐 36、46、67

Y

鸦胆子 75
鸭脚木 34
鸭跖草 97
崖姜 69
烟斗柯 103
盐肤木 33、55
艳山姜 29
羊耳菊 59
羊角拗 92
羊角藤 120
杨梅 56
杨梅叶蚊母树 106
杨桐 50
杨叶肖槿 109
野甘草 45
野葛 34
野菰 115
野蕉 112
野菊 28、59
野牡丹 49
野木瓜 19

野漆树 33、91
野苋菜 30
野鸦椿 62
夜花藤 19、110
夜香牛 98
一点红 22
异叶地锦 129
益母草 59
薏苡 104
翼核果 47
阴香 107
银合欢 110
银杏 12、37
银叶树 65
油茶 76、125
油桐 76
余甘子 102
鱼藤 18、67
鱼眼菊 97
玉叶金花 47
芋 93
圆柏 13
越南叶下珠 22
粤港耳草 120
粤蛇葡萄 17、37、129

Z

杂色榕 112
窄叶台湾榕 111
粘木 80、106

樟树 79
杖藤 32
浙江润楠 107
珍珠花 58
珍珠茅 99
栀子花 77、120
中华杜英 100
中华胡枝子 117
中华水韭 6
中华卫矛 96
中华锥花 107
重瓣臭茉莉 29
皱叶狗尾草 105
朱砂根 113
猪屎豆 116
蛛丝毛蓝耳草 97
竹节树 46
竹叶兰 52
苎麻 127
砖子苗 99
紫背天葵 94
紫花短筒苣苔 54、81
紫萁 8
紫纹兜兰 82、115
紫玉盘 37、45
紫玉盘石柯 103
棕叶芦 53、105
棕竹 116
醉香含笑 108

附录4　拉丁文学名索引

A

Abrus pulchellus subsp. mollis 116
Abutilon indicum 109
Acacia confusa 73
Acampe rigida 115
Acanthopanax trifoliatus 62

Acanthus ilicifolius 90
Acer sino-oblongum 27、55、81
Acorus gramineus 56
Acronychia pedunculata 26、122
Acrostichum aureum 88
Actinidia fulvicoma 61
Adenosma glutinosum 29、123

Adiantum capillus-veneris 9
Adiantum flabellulatum 88
Adina pilulifera 50
Adinandra millettii 50
Aegiceras corniculatum 64
Aeginetia indica 115
Aeschynanthus acuminatus 52

Ageratum conyzoides 22
Aidia cochinchinensis 48
Ajuga decumbens 59
Albizia corniculata 110
Alchornea trewioides 101
Alleizettella leucocarpa 55
Alocasia macrorrhizos 23、93
Alopecurus aequalis 57
Alpinia hainanensis 129
Alpinia japonica 129
Alpinia oblongifolia 47
Alpinia zerumbet 29
Alsophila spinulosa 10、78
Alternanthera philoxeroides 73
Alternanthera sessilis 41
Altingia chinensis 53、74
Amaranthus blitum 30
Amentotaxus argotaenia 15、79
Amischotolype hispida 96
Amorphophallus dunnii 93
Ampelopsis cantoniensis 17、37、129
Angiopteris fokenensis 8
Anisomeles indica 29
Antenoron filiforme 118
Antidesma bunius 101
Antidesma fordii 46
Antidesma montanum var. *microphyllum* 101
Antigonon leptopus 16
Antirhea chinensis 81
Aquilaria sinensis 28、80、125
Aralia decaisneana 31、58
Aralia spinifolia 31
Araucaria cunninghamia 14
Archidendron clypearia 34
Ardisia crenata 113
Ardisia hanceana 113
Ardisia primulaefolia 113
Ardisia quinquegona 68、113
Aristolochia fordiana 18

Aristolochia tagala 41
Artemisia wurzellii 28
Artocarpus heterophyllus 26、74
Artocarpus hypargyreus 21、80、111
Arundina graminifolia 52
Asplenium neolaserpitiifolium 89
Asplenium prolongatum 68
Asystasiella neesiana 69
Atalantia buxifolia 28
Aucuba chinensis 61
Avicennia marina 65、127
Azolla imbricata 11

B

Baeckea frutescens 49
Balanophora fungosa 71
Balanophora harlandii 94
Barthea barthei 63
Bauhinia blakeana 74
Bauhinia championii 18、95
Begonia fimbristipula 94
Begonia palmata 94
Beilschmiedia fordii 40、79
Berchemia floribunda 38、58
Bidens pilosa 97
Bischofia javanica 53
Blastus cochinchinensis 52
Blechnum orientale 89
Blumea megacephala 29
Boehmeria nivea 127
Boeica guileana 54、81
Bothriospermum zeylanicum 62
Bowringia callicarpa 18、24、70
Brainea insignis 10、78
Breynia fruticosa 22
Bridelia tomentosa 50
Broussonetia kaempferi var. *australis* 19、111
Brucea javanica 75
Bruguiera gymnorrhiza 46、64

Buddleja asiatica 108
Bulbophyllum ambrosia 81

C

Caesalpinia bonduc 31
Caesalpinia crista 24、95
Caesalpinia vernalis 95
Calamus rhabdocladus 32、47
Callerya speciosa 34
Callicarpa formosana 128
Callicarpa kochiana 128
Callicarpa kwangtungensis 128
Callicarpa rubella 128
Calophyllum membranaceum 37、105
Calotropis gigantea 25
Camellia euryoides 125
Camellia kissii 125
Camellia oleifera 76、125
Campanumoea javanica 23
Canarium album 47
Canavalia rosea 67
Cansjera rheedei 114
Capparis cantoniensis 41
Capsella bursa-pastoris 25、76
Carallia brachiata 46
Casearia velutina 42
Cassytha filiformis 46
Castanopsis fissa 58
Castanopsis fordii 30、103
Casuarina equisetifolia 66
Catunaregam spinosa 32、50
Cayratia corniculata 17、34
Celastrus hindsii 18、96
Celastrus monospermus 96
Celosia argentea 72
Celtis sinensis 126
Celtis timorensis 126
Centella asiatica 29
Centipeda minima 43
Cephalotaxus fortunei 14

Ceratopteris thalictroides 78
Cerbera manghas 75
Ceropegia trichantha 94
Chirita sinensis 104
Chloris barbata 104
Chrysanthemum indicum 28、59
Cibotium barometz 78
Cinnamomum burmannii 107
Cinnamomum camphora 79
Cinnamomum parthenoxylon 27、48、79
Cissus repens 129
Citrus japonica 26、81
Cleisostoma simondii var. *guangdongense* 81、114
Clematis crassifolia 39
Clematis florida 19
Clerodendrum canescens 128
Clerodendrum chinense 29
Clerodendrum cyrtophyllum 128
Clerodendrum fortunatum 128
Clerodendrum inerme 66
Cocculus orbiculatus 19
Coix lacryma-jobi 104
Colocasia esculenta 93
Commelina communis 97
Commelina paludosa 97
Coptosapelta diffusa 119
Corchorus aestuans 126
Cordia dichotoma 95
Crassocephalum crepidioides 76
Cratoxylum cochinchinense 105
Crinum asiaticum var. *sinicum* 91
Crotalaria pallida 116
Croton crassifolius 101
Croton lachnocarpus 101
Croton tiglium 101
Cryptocarya concinna 40
Cunninghamia lanceolata 13
Cyanotis arachnoidea 97

Cycas fairylakea 12、78
Cycas revoluta 12
Cyclea hypoglauca 36
Cyclea sutchuenensis 36
Cyclobalanopsis chungii 52
Cyclobalanopsis fleuryi 103
Cyclobalanopsis glauca 27、52
Cynanchum auriculatum 60
Cyperus cyperoides 99

D

Dalbergia benthamii 116
Dalbergia hancei 18、116
Dalbergia millettii 117
Daphniphyllum calycinum 99
Delonix regia 74
Dendropanax proteus 94
Dendrotrophe varians 122
Derris trifoliata 18、67
Desmodium tortuosum 117
Desmos chinensis 27、48
Dianella ensifolia 38
Dichroa febrifuga 68、106
Dichrocephala integrifolia 97
Dicranopteris pedata 71
Didymostigma obtusum 63
Dimocarpus longan 33、81、123
Dioscorea bulbifera 17、35
Dioscorea cirrhosa 17、100
Dioscorea polystachya 35
Diospyros eriantha 100
Diospyros morrisiana 100
Diospyros tutcheri 100
Diploclisia affinis 110
Diploclisia glaucescens 110
Diplospora dubia 119
Distylium myricoides 106
Dysphania ambrosioides 75

E

Eclipta prostrata 97

Ehretia longiflora 47
Elaeagnus oldhami 31
Elaeocarpus chinensis 100
Elaeocarpus sylvestris 100
Elephantopus tomentosus 97
Eleusine indica 105
Embelia laeta 19
Embelia parviflora 46
Embelia ribes 19
Embelia vestita 113
Emilia sonchifolia 22
Endospermum chinense 101
Engelhardtia roxburghiana 33、106
Enkianthus quinqueflorus 61
Ephedra sinica 15
Equisetum ramosissimum 7
Eriobotrya cavaleriei 61
Eriobotrya fragrans 26
Erythrina variegata 31
Euonymus laxiflorus 96
Euonymus nitidus 96
Euphorbia hirta 21、101
Eurya auriformis 44
Eurya chinensis 44
Eurya distichophylla 45
Euscaphis japonica 62
Eustigma oblongifolium 54
Excoecaria agallocha 66、102

F

Ficus formosana 111
Ficus formosana var. *shimadai* 111
Ficus hirta 111
Ficus hispida 68、111
Ficus pumila 21、111
Ficus pyriformis 112
Ficus variegata 112
Ficus variegata var. *chlorocarpa* 111

Ficus variolosa 112
Fissistigma oldhamii 37、45
Fissistigma uonicum 91
Floscopa scandens 70、97
Fortunella hindsii 122

G

Gahnia tristis 42
Garcinia multiflora 21
Garcinia oblongifolia 21、49
Gardenia jasminoides 77、120
Gelsemium elegans 20、58
Gentiana loureirii 104
Ginkgo biloba 12、37
Gironniera subaequalis 126
Gleditsia fera 95
Glehnia littoralis 26
Glochidion eriocarpum 102
Glochidion hirsutum 102
Glochidion puberum 102
Glochidion wrightii 102
Glochidion zeylanicum 102
Glycosmis parviflora 122
Glyptostrobus pensilis 13
Gnetum lofuense 79
Gnetum parvifolium 15
Gomphostemma chinense 107
Gonostegia hirta 23、127
Goodyera procera 82、115
Graphistemma pictum 20、55
Gymnanthera oblonga 52、67
Gymnema sylvestre 48
Gynostemma pentaphyllum 80、99

H

Habenaria rhodocheila 56、82
Haloragis chinensis 42
Hedyotis diffusa 120
Hedyotis hedyotidea 38
Hedyotis loganioides 120

Heliotropium indicum 95
Heritiera littoralis 65
Heteropanax fragrans 54
Heterosmilax japonica 17、36
Hibiscus tiliaceus 66、109
Homalium cochinchinense 42
Houttuynia cordata 61
Hydrocotyle wilfordi 26
Hygrophila ringens 90
Hypserpa nitida 19、110

I

Ilex asprella 92
Ilex championii 92
Ilex graciliflora 80、92
Ilex pubescens 92
Ilex rotunda 92
Ilex triflora 92
Illicium ternstroemioides 57
Impatiens chinensis 41
Impatiens hongkongensis 80
Inula cappa 59
Ipomoea cairica 73
Ipomoea pes-caprae 67
Isoëtes sinensis 6
Itea chinensis 58
Ixonanthes reticulata 80、106

J

Jasminum lanceolaria 35

K

Kalimeris indica 60
Kandelia candel 64、119

L

Lagerstroemia speciosa 73
Lasianthus chinensis 43
Laurocerasus phaeosticta 43
Lemmaphyllum microphyllum 89
Leonurus japonicus 59
Lespedeza chinensis 117

Lespedeza cuneata 117
Lespedeza thunbergii subsp. *formosa* 117
Leucaena leucocephala 110
Ligustrum sinense 60
Lindera aggregata 107
Lindera nacusua 57
Lindernia anagallis 123
Liparis nervosa 82、115
Liparis viridiflora 82、115
Liquidambar formosana 58
Liriope spicata 62
Lithocarpus corneus 103
Lithocarpus glaber 58
Lithocarpus uvariifolius 103
Litsea cubeba 44
Litsea monopetala 44
Litsea rotundifolia var. *oblongifolia* 27
Lobelia angulata 42
Lonicera confusa 56
Lophatherum gracile 53
Loropetalum chinense 61
Ludwigia octovalvis 42
Lycianthes biflora 124
Lygodium japonicum 9
Lyonia ovalifolia 58

M

Macaranga tanarius 36、46、67
Machilus breviflora 107
Machilus chekiangensis 107
Machilus chinensis 108
Machilus grijsii 51
Machilus velutina 108
Maclura cochinchinensis 48
Maesa japonica 113
Marsilea quadrifolia 11
Melastoma dodecandrum 35
Melastoma malabathricum 35、49

Melastoma sanguineum 109
Melia azedarach 33
Melicope pteleifolia 28、47
Melinis repens 72
Melodinus fusiformis 20
Melodinus suaveolens 75
Michelia figo 51
Michelia macclurei 108
Michelia maudiae 51
Microsorum fortunei 69
Microstegium fasciculatum 105
Mikania micrantha 72
Mimosa bimucronata 72
Mimosa pudica 43
Miscanthus floridulus 50
Morinda parvifolia 120
Morinda umbellata 120
Mucuna birdwoodiana 70
Murraya paniculata 74
Musa balbisiana 112
Mussaenda erosa 120
Mussaenda pubescens 47
Myosoton aquaticum 59
Myrica rubra 56
Myriophyllum spicatum 40
Myrsine seguinii 49

O

Oenothera drummondii 67、72
Ohwia caudata 117
Ophioglossum vulgatum 7
Ophiorrhiza pumila 120
Opuntia dillenii 77
Oreocharis benthamii var. reticulata 63
Ormosia emarginata 117
Ormosia indurata 30
Ormosia semicastrata 24
Osmunda japonica 8
Osmunda vachellii 8
Oxalis corymbosa 40

P

Paederia foetida 120
Palhinhaea cernua 6
Paliurus ramosissimus 32、60
Pandanus kaida 47
Pandanus tectorius 26、32
Paphiopedilum purpuratum 82、115
Paraphlomis javanica var. angustifolia 53
Paris polyphylla var. chinensis 35
Parthenocissus dalzielii 129
Passiflora foetida 43
Passiflora kwangtungensis 16
Pellionia scabra 127
Pentaphylax euryoides 51
Peperomia pellucida 41
Philydrum lanuginosum 118
Pholidota chinensis 82、115
Photinia benthamiana 59
Phragmites australis 105
Phyllanthus cochinchinensis 22
Phyllanthus emblica 102
Phyllodium pulchellum 54
Phytolacca acinosa 39
Phytolacca americana 72
Pilea pumila 23
Pileostegia viburnoides 62
Pinus massoniana 12
Piper austrosinense 41
Piper sarmentosum 69
Plantago major 118
Platycladus orientalis 13
Podocarpus macrophylla 14
Polygala fallax 24、39
Polygonum perfoliatum 30、39
Polypodium niponica 10
Polyspora axillaris 71
Portulaca oleracea 41
Pothos chinensis 70、93

Pottsia laxiflora 20
Pouzolzia zeylanica 43
Praxelis clematidea 73
Pronephrium simplex 90
Prunus salicina 26
Pseudodrynaria coronans 69
Pseudotaxus chienii 15
Psilotum nudum 5
Psychotria asiatica 68、121
Psychotria serpens 121
Pteridium aquilinum var. latiusculum 9
Pteris semipinnata 90
Pueraria montana var. lobata 34、117
Pyrenaria spectabilis 63
Pyrrosia lingua 90
Pyrus calleryana 59

R

Reevesia thyrsoidea 53
Rhaphiolepis indica 61
Rhapis excelsa 116
Rhododendron moulmainense 55
Rhodomyrtus tomentosa 49、71
Rhus chinensis 33、55
Rorippa indica 25、39
Rosa kwangtungensis 30
Rosa laevigata 30、55
Rourea microphylla 33、98
Rubus leucanthus 30
Rubus reflexus 30、40
Rubus rosaefolius 40

S

Sabia limoniacea 122
Sabina chinensis 13
Sageretia thea 32
Salomonia cantoniensis 49
Salvinia natans 11
Sambucus javanica 57

Santalum album 71
Sapindus saponaria 44
Sarcandra glabra 96
Sargentodoxa cuneata 63
Saurauia tristyla 45、68
Scaevola hainanensis 104
Scaevola taccada 65、104
Schefflera heptaphylla 34、94
Schima superba 53
Scleria levis 99
Scoparia dulcis 45
Scutellaria indica 107
Sechium edule 25
Sedum lineare 57
Selaginella doederleinii 6
Senecio scandens 98
Setaria plicata 105
Sinosideroxylon wightianum 54
Siraitia grosvenorii 25
Sloanea sinensis 44
Smilax china 123
Smilax corbularia 123
Smilax davidiana 36
Smilax glabra 17、124
Smilax hypoglauca 17
Smilax lanceifolia var. *opaca* 124
Solanum americanum 23
Sonneratia apetala 65
Sonneratia caseolaris 65
Spermacoce alata 119
Sphenomeris biflora 89
Stachytarpheta jamaicensis 45
Stauntonia chinensis 19
Stellaria media 39
Stephania cepharantha 46
Stephania longa 36
Sterculia lanceolata 27、124
Strobilanthes cusia 24、51、69
Strobilanthes dalzielii 51

Strophanthus divaricatus 92
Strychnos cathayensis 20、108
Styrax faberi 125
Styrax suberifolius 125
Suaeda australis 39
Symplocos chinensis 124
Syzygium buxifolium 46、71
Syzygium hancei 114
Syzygium jambos 114
Syzygium nervosum 49

T

Tadehagi triquetrum 118
Tainia hongkongensis 82、115
Talinum paniculatum 43
Tarenna mollissima 48
Taxillus chinensis 70
Taxodium distichum 75
Taxodium distichum var. *imbricatum* 75
Taxus wallichiana var. *mairei* 14
Tectaria subtriphylla 88
Tetracera sarmentosa 41
Tetradium glabrifolium 25、122
Tetrastigma planicaule 34、129
Thespesia populnea 109
Thevetia peruviana 21
Thysanolaena latifolia 53、105
Toddalia asiatica 50
Toxicodendron succedaneum 33
Toxicodendron sylvestre 91
Trachelospermum jasminoides 21、38
Trema angustifolia 126
Trema tomentosa 126
Triadica cochinchinensis 22、103
Triadica sebiferum 22、103
Trichosanthes pilosa 37
Tripterospermum nienkui 62

Triumfetta rhomboidea 126
Turpinia arguta 45
Tylophora ovata 23

U

Uncaria rhynchophylla 32
Uraria crinita 118
Urena lobata 109
Uvaria macrophylla 37、45

V

Vaccinium bracteatum 57
Ventilago leiocarpa 47
Vernicia fordii 76
Vernicia montana 21、76
Vernonia cinerea 98
Vernonia cumingiana 98
Veronica persica 56
Viburnum odoratissimum 56
Viola arcuata 39
Viscum ovalifolium 108
Vitex quinata 34
Vitex rotundifolia 66

W

Wedelia trilobata 22
Welwitschia mirabilis 16
Wikstroemia indica 28、48
Woodwardia japonica 9

X

Xylosma longifolium 40

Z

Zanthoxylum avicennae 121
Zanthoxylum myriacanthum 31
Zanthoxylum nitidum 31、121
Zanthoxylum scandens 25、121
Zehneria indica 16